Jean Donaldson

Meins!

Birgit Laser Verlag

Aus dem Amerikanischen übersetzt von Birgit Laser

Titel der Originalausgabe:
„Mine! A practical Guide to Resource Guarding in Dogs“,
Kinship Communications, San Francisco, 2002, ISBN 0-9705629-4-2

Alle Angaben in diesem Buch erfolgen nach bestem Wissen und Gewissen. Sorgfalt bei der Umsetzung ist indes dennoch geboten. Der Verlag, die Übersetzerin und die Autorin übernehmen keinerlei Haftung für Personen-, Sach- oder Vermögensschäden, die aus der Anwendung der vorgestellten Materialien und Methoden entstehen können.

Illustrationen: Petra Eimer, Köln
Gestaltung: Birgit Laser
Lektorat: Daniela Gottmann, Maria Hense,
Manuela Schumann, Christina Sondermann
E-Mail: verlag@laserdogs.de
Druck: Digitaldruck Tebben, Biessenhofen

Birgit Laser Verlag

ISBN: 978-3-9809810-1-9

Inhaltsverzeichnis

Vorwort für die deutsche Ausgabe

Ich muss zugeben, dass mir Deutschland ziemlich gut gefällt. Auch wenn ich bisher noch nie Europa – geschweige denn Deutschland (oder andere deutschsprachige Länder) besucht habe, so bewundere ich doch die deutschen Leistungen in Kunst und Wissenschaft und das vorbildliche deutsche Tierschutzgesetz. Als ich hörte, dass zum Beispiel Hunde in Deutschland eher zu viel Bewegung und Beschäftigung bekommen – im Gegensatz zu den meisten Hunden in Nordamerika – war ich beeindruckt und erfreut über so viel Gewissenhaftigkeit.

Birgit Lasers klare, scharfsinnige Herangehensweise bei der Erstellung der deutschen Ausgabe von „Mine!“ hat diese Einschätzung noch untermauert. Genauigkeit ist mir genauso wichtig wie die Hunde selbst, und auch Birgit ist in dieser Hinsicht keinerlei Kompromisse eingegangen. Im Verlauf unserer den Werdegang des Buches begleitenden Korrespondenz haben ihr profundes Wissen über die Prinzipien der Konditionierung und ihre schriftstellerischen Fähigkeiten mich dazu gebracht, an vielen Stellen noch einmal zu überdenken, wie ich gewisse Sachverhalte am besten darstelle. Auch die englischsprachige Ausgabe wird von dieser fachmännischen Überarbeitung profitieren. Ich danke Birgit für ihre Gründlichkeit im Bezug auf Details, ihren wunderbaren Sinn für Humor und ihr Engagement für Hunde.

Jean Donaldson
San Francisco, 30. März 2006

Einführung

Grundsätzliches zum Thema Aggression

In diesem Handbuch geht es um Hunde, die knurren, die Zähne zeigen, schnappen oder beißen, wenn man versucht, ihnen etwas wegzunehmen oder wenn man sich ihnen nähert, während sie fressen. Manche Hunde verteidigen auch ihren eigenen Besitzer oder einen gemütlichen Schlafplatz, wenn sie diesen als verteidigenswert empfinden. Solche Probleme sind erstaunlich weit verbreitet. Glücklicherweise können sie meist erfolgreich behandelt oder ihrem Auftreten sogar vorgebeugt werden.

Wie hoch hängen wir die Messlatte?

Hunden mit Aggressionsproblemen wird zunehmend feindselig begegnet. Wie meine Co-Trainerin Janis* einmal bemerkte, war die Einstellung früher entspannter, zumindest hier in den USA. Es gibt eine sehr amüsante Geschichte von James Thurber**, in der eine Frau zu Weihnachten jedem, der im Laufe des Jahres von ihrem Hund gebissen wurde, eine Schachtel Pralinen schickt. Einmal verschickte sie fünfzig Schachteln.

Früher wurde einem mürrischen Hund keine große Beachtung geschenkt. Wenn überhaupt, gab er eher Anlass zur Belustigung als für einen Rechtsstreit, wie es heute immer öfter der Fall ist. Hunde waren Tiere, und Tiere bissen eben manchmal.

Ein Teil des Problems besteht zweifellos darin, dass die Gesellschaft im Allgemeinen heute prozessfreudiger ist als früher. Wenn es um Hunde geht, sind offenbar besonders viele Emotionen im Spiel. In der Regel werden Verletzungen, die zum Beispiel beim Dosenöffnen in der Küche passiert sind, grundlegend anders behandelt als eine gleich schwere

---

* ***Janis Bradley*** *arbeitet an der SF/SPCA (siehe Glossar), wo sie maßgeblich am Erstellen von Ausbildungsplänen für die Studierenden beteiligt ist.*

** ***James Grover Thurber*** *(1894-1961):*
US-amerikanischer Schriftsteller und Zeichner, der durch seine Kurzgeschichten und Fabeln bekannt wurde. Die erwähnte Geschichte heißt „The Dog That Bit People".

Verletzung durch einen Hundebiss. Letzterer wird mit größerer Wahrscheinlichkeit in einer Notaufnahme vorgestellt. Bei jedem Todesfall, der im Zusammenhang mit Hunden auftritt, wird der Gesetzgeber unter Druck gesetzt. So wird gefordert, bestimmte Hunderassen zu verbieten, einen generellen Maulkorbzwang einzuführen oder die Bevölkerung auf andere Art besser zu schützen. Dennoch: Die Wahrscheinlichkeit, von einem Rasenmäher getötet zu werden, ist viel höher. Viel eher wird man mehrmals von einem Blitz getroffen oder stirbt durch einen Schaufelbagger, als von einem Hund getötet zu werden. Todesfälle bei Kindern hängen sehr viel wahrscheinlicher mit 100-Liter-Plastikfässern zusammen als mit Angriffen von Hunden. Trotzdem verlangt niemand, diese Fässer zu verbieten. Und die Wahrscheinlichkeit, dass Kinder durch ein Elternteil oder eine Aufsichtsperson verletzt oder getötet werden, liegt in vergleichsweise astronomischer Höhe. Wir erwarten viel von unseren Hunden.

Wir erwarten sogar sehr viel von unseren Hunden. Der Maßstab, an dem wir sie messen, ist höher als für irgendeine andere Tierart – uns Menschen inbegriffen. Von Hunden fordern wir, dass sie sich niemals in ihrem Leben Menschen gegenüber aggressiv verhalten und nicht einmal Drohverhalten zeigen. Das ist so, als würden Sie Ihr ganzes Leben lang niemals die Beherrschung verlieren, im Straßenverkehr über einen anderen Autofahrer fluchen, unhöflich zu jemandem beim Schlangestehen sein, einen bösen Leserbrief schreiben, sich vor etwas verteidigen, das Sie als Bedrohung empfinden, einen Anwalt konsultieren oder etwas Gemeines zu Ihrem Partner sagen, das Sie hinterher bereuen. Jegliche für Hunde völlig normale Aggression, sogar höchst ritualisierte, ist verboten.

Und als wäre das noch nicht genug, wollen wir auch noch, dass unsere Hunde plötzlich sehr aggressiv sind, wenn ein Verbrechen gegen uns verübt wird. Wir erwarten von ihnen, dass sie die guten von den bösen Buben unterscheiden und unser Hab und Gut bewachen! Wir züchten sogar Hunde eigens für diese Aufgaben und kokettieren mit gezielter Zuchtauslese auf Eigenschaften wie „Fremden gegenüber misstrauisch", „Ein-Mann-Hund" oder „Ein-Familien-Hund". All dies sind Umschreibungen dafür, dass wir keine sehr geselligen, leicht zu sozialisierenden Hunde wollen. Dabei kommt es uns aber gar nicht in den Sinn, dass es extrem unwahrscheinlich ist, durch selektive Zucht einen Hund zu bekommen, der nur die Stereoanlage, nicht aber einen Knochen bewacht.

Damit meine ich nicht, dass es falsch ist, Aggression bei Hunden ernst zu nehmen und alles zu tun, um sie auszuschalten. Was ich sagen will ist: Ein guter Start für diese Bemühungen wäre es, uns einzugestehen, wie hoch unsere Messlatte hängt. Man kann klar vorhersagen, dass Hunde – wie alle Tiere – sich aggressiv verhalten werden, wenn sie Angst haben oder sich bedroht fühlen und auch, um ihre Ressourcen zu verteidigen. Wenn wir möchten, dass dies nie oder zumindest extrem selten passiert, müssen wir mehrgleisig fahren. Als erstes sollten wir uns klarmachen, gegen welches biologische Erbe wir antreten wollen.

Ritualisierung: Stufen des Drohverhaltens

Wenn ich wütend werde oder mich ungerecht behandelt fühle, ist es ein großer Unterschied, ob ich Sie verklage oder beschimpfe oder ob ich eine Feuerwaffe ziehe und auf Sie schieße. Zwar sind all dies aggressive Handlungen – die eine Sorte jedoch ist ritualisiert und die andere nicht. Unsere Gesetze spiegeln die Erkenntnis wider, dass manche Formen der Konfliktlösung und Aggression in Ordnung sind und manche nicht.

Der Unterschied besteht hauptsächlich im zugefügten Schaden. Auch im Sport – wo es im Kern darum geht, in einer Konkurrenzsituation zu gewinnen – wird dieser Unterschied gemacht. Das Vorhandensein von Regeln im Sport zeigt, dass man sich über die Notwendigkeit von Spielregeln einig ist, die bestimmen, wie ein sportlicher Wettkampf ablaufen soll.

Auch bei Hunden besteht ein großer Unterschied zwischen ritualisiertem und nicht ritualisiertem Konfliktlösungsverhalten. Starre Blicke, Knurren, Zähnezeigen, Schnappen und Beißen, ohne zu verletzen – all dies ist in der Hundegesellschaft „legales" Konfliktlösungsverhalten. Hunde haben Wege, Konflikte beizulegen – zu sagen „Verschwinde!", wenn man so will – ohne den für alle Beteiligten hohen Preis ungehemmter

Aggression zu zahlen. Mit ihren Kiefern können Hunde schwere Verletzungen verursachen, Knochen zermalmen und Fleisch zerreißen. Diese gefährlichen Waffen haben sie immer dabei – und dennoch ist es ihnen gelungen, ihre eigene Art nicht auszurotten, trotz vieler Streitereien um Knochen, Paarungspartner und Aas. Ein Grund dafür, dass die Spezies Hund erfolgreich überlebt hat, ist die ständige Selektion auf gut entwickelte Ritualisierung.

Im Folgenden sind Erkennungsmerkmale ritualisierter Aggression bei Hunden aufgeführt. Diese drücken den inneren Zustand des Hundes aus sowie die Bereitschaft, etwas gegenüber einer nahenden Bedrohung zu verteidigen. Hunde zeigen sehr deutlich, dass sie imstande wären zu verletzen („*Siehst du diese Zähne? Hörst du dieses gewaltige Knurren? In einem Kampf wäre ich ein gefährlicher Gegner...*“). Diese Signale werden in allen möglichen Situationen benutzt (auch solchen, in denen es nicht um Ressourcen geht), um dem Gegenüber „*Hau ab!*“ zu verstehen zu geben. Eine Ausnahme bildet der *beschleunigte Verzehr* als Signal: Er dient ausschließlich dazu, Konkurrenten vor der Annäherung an eine Ressource zu warnen.

1. Einfrieren

Auch als „starrer Blick“ bekannt; ein glasiger Blick, der einhergeht mit dem Einstellen der Aktivität. Wenn der Hund gerade kaut, hört er auf zu kauen. Frisst der Hund, hört er auf zu fressen. Der Blick geht ins Leere, ist selten direkt auf die nahende Bedrohung gerichtet. Hundebesitzer berichten manchmal von einem starren, abwesenden, geistig weggetretenen Ausdruck und interpretieren ihn fälschlicherweise als eine Art Anfall.

2. Beschleunigter Verzehr

Im Gegensatz zum eben beschriebenen Einstellen des Verzehrs bedeutet Beschleunigung: War der Hund gerade dabei zu fressen, frisst er nun schneller oder schnappt geradezu hektisch nach dem Futter. Kaute der Hund gerade, fängt er nun an, schneller und heftiger zu kauen.

3. Knurren

Das tiefe, ununterbrochene und bedrohliche Grollen, das Hunde von sich geben können, kann allein oder gleichzeitig mit anderen Drohungen auftreten.

4. Zähnezeigen

Das Zähnezeigen durch Hochziehen der Lefzen kann ebenfalls vor, gleichzeitig mit oder nach anderen Formen der Drohung auftreten. Die Art, eine Warnung auszudrücken, kann von Hund zu Hund variieren.

5. Schnappen

Ein Schnappen ist ein Biss in die Luft – der Hund trifft absichtlich nicht. Häufig berichten die Leute, ein Hund habe versucht sie zu beißen, aber daneben getroffen oder sie hätten geschafft, schnell genug auszuweichen. Das ist unwahrscheinlich, denn selbst ein alter Hund, der sich nicht mehr viel bewegt, hat eine bessere Reaktionszeit als ein Olympia-Athlet. Wenn Hunde beißen wollen, dann beißen sie auch. Wenn sie schnappen wollen, schnappen sie.

6. Gehemmter Biss

Wenn ein Hund beißt, ohne dass es zu einer Verletzung kommt, sagt man, dieser Hund hat eine gute Beißhemmung oder ein „weiches Maul". Es wird angenommen, dass die Fähigkeit zu beißen, ohne Schaden anzurichten, vor dem Alter von 4 Monaten erworben wird, und zwar durch das freie Spiel mit anderen Welpen. Tatsächlich vermutet man, dass Welpen ihre nadelspitzen Zähne haben, *damit es wehtut*, wenn sie andere Welpen beißen.

Welpen brauchen Rückmeldung in Form von Spielunterbrechungen für zu hartes Zubeißen. Da aber ihre Kiefer zu schwach sind, um allein durch Druck Schmerzen zu erzeugen, übernehmen die spitzen Zähne diese Funktion.

Detailliertere Informationen darüber, wie man Welpen eine gute Beißhemmung vermittelt, bekommen Sie in Ian Dunbars* *„How to Teach a New Dog Old Tricks“* oder anderen Büchern über Welpentraining.

Hunde mit guter Beißhemmung haben eine bessere Prognose als Hunde, die mit ihren Bissen Verletzungen verursachen. Bei guter Beißhemmung kann man im Training meist zügiger voranschreiten und benötigt weniger Vorsichtsmaßnahmen. Falls ein solcher Hund während oder zwischen den Trainingseinheiten einmal unerwünscht reagiert, ist das damit verbundene Risiko viel geringer. Außerdem arbeiten Besitzer verständlicherweise ungern mit Hunden, die bereits ein Familienmitglied ernsthaft verletzt haben.

Ursprung der Ressourcenverteidigung

Ressourcenverteidigung als Überlebensstrategie

Ich finde es immer wieder erstaunlich, wie stark Verhaltensweisen, die unter keinerlei evolutionärem Selektionsdruck mehr stehen, noch in unseren Haushunden vorhanden sind. Ein erstklassiges Beispiel hierfür ist Ressourcenverteidigung, also aggressives Verhalten von Hunden, wenn sie im Besitz von Futter, Spielzeug, Knochen, ihren Besitzern, Liegeplätzen oder Transportboxen sind (und manchmal sogar, um diese erst zu bekommen).

Über viele Generationen hinweg hat der Mensch eine Zuchtauswahl auf äußere Erscheinung und verschiedene Arbeitseigenschaften betrieben. Durch die zuverlässige Versorgung mit Futter und anderen Ressourcen wurde das relativ energieaufwändige Verteidigungsverhalten überflüssig gemacht. Dennoch verteidigen viele Familienhunde diese Ressourcen noch immer gegen andere Hunde und gegen Menschen – sogar gegen diejenigen, die sie damit versorgen! Wenn es überhaupt einen Selektionsdruck gibt, dann gegen diese Eigenschaft, denn die Toleranz, was Aggression gegenüber Menschen angeht, ist in unserer Gesellschaft äußerst gering.

---

* ***Ian Dunbar:*** *besonders im englischsprachigen Raum bekannter Tierarzt und Hundebuchautor*

Insbesondere gilt dies bei aggressivem Verhalten gegenüber Familienmitgliedern – genau dort, wo Ressourcenverteidigung am häufigsten auftritt. Hunde, die dieses Verhalten zeigen, werden mit größerer Wahrscheinlichkeit eingeschläfert als andere. Trotzdem ist es bei Hunden noch immer weit verbreitet.

Dass ein in Gruppen jagender Fleischfresser in der Natur bessere Überlebens- (und damit Fortpflanzungs-) Chancen hat, wenn er etwas ihm Wichtiges verteidigt, statt bereitwillig darauf zu verzichten, ist leicht zu verstehen. Dies ist für ihn ebenso vorteilhaft wie ein gut entwickeltes Immunsystem oder Beine, mit denen er schnell laufen kann. In einer häuslichen Umgebung ist Verteidigungsverhalten jedoch unerwünscht.

Irrtümer über Ressourcenverteidigung

1. „Es ist ein abnormes Verhalten“

Futter, begehrte Objekte, Gefährten und körperlichen Freiraum zu verteidigen ist, wie wir gesehen haben, in der Natur höchst sinnvoll. Wenn sich Hunde morgen allein durchschlagen müssten, hätten Ressourcenverteidiger den Nicht-Verteidigern gegenüber Vorteile im Überleben und bei der Fortpflanzung.

2. „Es ist nicht zu ändern, weil größtenteils genetisch bedingt und nicht erlernt“

Dieser Irrtum beschränkt sich nicht nur auf die Ressourcenverteidigung. Es stimmt zwar, dass durch genetische Veranlagung bestimmte Verhaltensweisen leichter oder weniger leicht erlernt werden. Zwischen dem Ausmaß des genetischen Einflusses auf ein Verhalten und seiner Beeinflussbarkeit durch Verhaltensmodifikation gibt es jedoch keinen direkten Zusammenhang.

Verhalten wird in der Natur auf zwei Arten selektiert: Einen Vorteil besitzen sowohl die Lebewesen, deren DNA eine bestimmte Verhaltensweise ermöglicht, als auch diejenigen, die leicht neue Verhaltensweisen erlernen. Es macht keinen Sinn, zu fragen, ob ein Verhalten angeboren oder erlernt ist, denn das lässt sich nicht klar voneinander trennen. Die Antwort auf diese Frage lautet immer: Beides.

3. „Es kann kuriert werden, indem man dem Hund zeigt, dass es Ressourcen in Hülle und Fülle gibt“

Bei diesem auf menschlicher Logik basierenden Denkansatz versucht man den Hund davon zu überzeugen, dass es keinen Grund gibt, etwas zu verteidigen, weil es Ressourcen im Überfluss gibt. Leider scheinen Hunde nicht auf diese Art zu lernen. Glücklicherweise sprechen sie dafür aber auf andere Maßnahmen an, die später noch näher beschrieben werden.

4. „Es ist ein Zeichen von Dominanz oder Respektlosigkeit des Hundes“

Dieser Irrtum liegt größtenteils darin begründet, dass die Rangordnungstheorie noch immer so häufig als Erklärung für viele Bereiche des

Hundeverhaltens herangezogen wird. Auch viele Therapieansätze basieren auf dieser Theorie. Viele Hundebesitzer haben keine oder nur sehr bruchstückhafte Kenntnisse über die Anwendung der elementarsten Techniken operanter und klassischer Konditionierung. Nahezu alle Hundebesitzer verwenden jedoch das Wort „Dominanz“ im Brustton der Überzeugung. Die Erklärung, Ressourcenverteidigung habe ausschließlich mit der Rangordnung zu tun, passt hervorragend in das vereinfachende Modell „Symptom-Diagnose“; ebenso dient es seit Jahrzehnten als Rechtfertigung für Aversivmaßnahmen in der Hundeausbildung.

Dennoch spricht Ressourcenverteidigung gut auf Desensibilisierung und Gegenkonditionierung (D&G) an, wie auch auf korrekt ausgeführte operante Techniken, was die These der Dominanz in Frage stellt. Wenn der Hund aufhört, sein Futter und Spielzeug zu verteidigen, ist er dann als Ergebnis der D&G weniger dominant geworden? Wenn ja, durch welchen inneren Vorgang? Ist Rang demnach keine feste Eigenschaft? Wenn nicht, kann man dann überhaupt von einem Hund als „dominant“ sprechen? Wenn Dominanz eher eine Beziehung ist als eine Eigenschaft, wie könnten dann einfache D&G- Übungen diese Beziehung verändern? Die behavioristische Sichtweise besticht unter anderem dadurch, dass sie eine viel einfachere Erklärung dafür liefert, wenn ein Verhalten sich nach der Therapie geändert hat.

Erwähnenswert ist auch, dass erfahrungsgemäß sehr viele Hunde, die Ressourcen verteidigen, noch weitere Verhaltensprobleme haben. Dies sind beispielsweise unterwürfiges Urinieren, Scheuheit oder mangelndes Vertrauen – im Grunde das genaue Gegenteil dessen, was dem Dominanzkonzept zufolge einen übermäßig bestimmenden (d. h. „dominanten“) Hund ausmacht. Noch einmal: Sorgfältige Aufzeichnungen darüber, was der Hund wirklich *tut*, und anschließender Einsatz operanter und klassischer Konditionierung zur Verhaltensänderung sind einfacher und effektiver.

Man könnte meinen, ein Hund, der dazu neigt, Ressourcen zu verteidigen, sei kein „netter“ Hund. Ich denke, das hängt davon ab, wie man „nett“ definiert. Viele der nettesten Hunde, die ich kenne, einschließlich meiner eigenen beiden Border Collies, sind heftige Ressourcenverteidiger, nur gebessert durch Konditionierung. So ziemlich jeder, der sie kennt, findet sie nett.

5. „Es kommt daher, dass der Hund verzogen oder verwöhnt ist"

Ressourcenverteidigung ist ein Verhaltensproblem, das sich quer durch die gesamte Hundepopulation zieht. Es kommt bei Jung und Alt vor, bei allen Rassen und bei Hunden mit allen möglichen Lebensgeschichten. „Verwöhnt" ist außerdem ein sehr subjektiver Ausdruck. Ich bin bestürzt, wie manche Leute Hunde schon als verwöhnt abstempeln, nur weil ihre grundlegenden Bedürfnisse erfüllt werden, sie geliebt werden und ihr Leben relativ frei von Aversivmaßnahmen ist. Oft werden Hunde als „verzogen" abgestempelt, deren Besitzer sich schwer damit tun, operante Techniken angemessen anzuwenden: Wenn sie bellen, um das zu bekommen, was sie wollen; wenn sie grob, widerspenstig, ungehorsam usw. sind. Dennoch gibt es keinen Anhaltspunkt dafür, dass schlechter Gehorsam irgendetwas mit Ressourcenverteidigung zu tun hat. Viele Hunde mit brillantem Gehorsam und Benehmen zeigen dieses Verhalten, und bei vielen anderen kann die Ressourcenverteidigung beseitigt werden, ohne ihren Gehorsam zu verbessern (obwohl es natürlich durchaus möglich ist, beides zu ändern).

Formen der Ressourcenverteidigung

Zu den Ressourcen, die von Hunden verteidigt werden, gehören Futter und/oder Futternapf, begehrtes Spielzeug oder andere Objekte, der Besitzer oder bevorzugte Schlafplätze. Häufig verteidigen Hunde mehr als nur eine einzige Ressource, und zum Teil haben sie darüber hinaus auch noch Probleme mit Berührungen oder körperlicher Manipulation. Natürlich können Hunde, die Ressourcen verteidigen, auch alle möglichen anderen Verhaltensprobleme haben. Die häufigste Konstellation ist jedoch, dass ein Hund mehr als eine Art von Ressourcen verteidigt und außerdem Unbehagen bei bestimmten körperlichen Berührungen zeigt.

Obwohl es verlockend sein mag, das gemeinsame Auftreten bestimmter Formen der Ressourcenverteidigung als Hinweis auf eine vorliegende Störung oder einen Zustand (wie etwa „Dominanz“) zu deuten – im behavioristischen Modell ist es nicht nötig, zusätzlich zum beobachtbaren Verhalten noch einen gedanklichen Überbau zu konstruieren, um das Verhalten zu erklären oder zu ändern.

Verteidigen von Futter

Das Verteidigen von Futter ist die am weitesten verbreitete Form der Ressourcenverteidigung. Es kann sich in einem oder mehreren der folgenden Anzeichen äußern:

- Der Hund droht oder beißt, wenn man sich ihm nähert, während er aus seinem Napf frisst.

- Der Hund droht oder beißt, wenn sein Besitzer versucht, ihm etwas Essbares abzunehmen, das er stibitzt hat.

- Der Hund droht oder beißt, wenn man sich ihm nähert, nachdem er draußen etwas Essbares gefunden hat.

Auftreten und Heftigkeit der Futterverteidigung hängen normalerweise allein davon ab, wie lecker der Hund das Futter findet. Interessiert sich der Hund für ein bestimmtes Futterstück nicht besonders und verteidigt es nicht, kann er deswegen trotzdem ein Futterverteidiger sein. Wirklich herausfinden kann man dies nur, indem man ihm etwas Essbares wegnimmt, auf das er sehr versessen ist. Zwar gibt es auch Hunde, die zwanghaft alles, was mit Futter zu tun hat (sogar einen leeren Napf) auf eine sehr reflexartig wirkende Weise verteidigen – die meisten verteidigen jedoch nur Futter, das ihnen wichtig genug ist.

Verteidigen von Gegenständen

Das Verteidigen von Gegenständen kann bei jedem Hund auftreten. Auch hier hängt das Ausmaß des Verteidigungsverhaltens vom Wert ab, den das Objekt für den Hund hat. Häufig verteidigt werden:

- Knochen, Büffelhautknochen und Schweineohren (diese Objekte sind „zweideutig“ und passen auch in die Kategorie „Futter“)
- Lieblingsspielzeug und Bälle
- Wäsche
- Papiertaschentücher
- Lebensmittelverpackungen und anderer Müll
- Stöcke
- „verbotene Früchte“.

Letzteres sind Objekte, die der Hund gestohlen hat und die nun durch den Reiz des Neuen, eine extreme Reaktion des Besitzers und/oder spezielle Eigenschaften besonders wertvoll für ihn sind.

Verteidigen von Orten

Am häufigsten sind folgende Szenarien:

- Der Hund liegt auf dem Bett und lässt seinen Besitzer oder dessen Partner nicht ins Bett oder ins Schlafzimmer.

- Der Hund liegt auf Möbeln und reagiert reizbar oder aggressiv, wenn er angeschubst wird oder wenn jemand versucht, sich ihm zu nähern oder ihn von den Möbeln hinunter zu befördern.

- Der Hund bedroht Passanten und/oder Hunde, wenn er in seiner Transportbox und/oder im Auto ist.

Ein interessantes Charakteristikum bei jeder Art von Ressourcenverteidigung ist, dass ihre Heftigkeit außer vom Wert der Ressource auch davon abhängen kann, *wer* sich gerade nähert. Ein typisches Beispiel ist ein Hund, der zwar die Ehefrau, nicht aber den Ehemann ins Bett lässt.

Verteidigen des Besitzers

Manche Hunde reagieren nur dann aggressiv, wenn sie sich nah bei ihrem Besitzer befinden oder angeleint sind und sich ihnen dann jemand nähert.

Hauptsächlich betrifft dies die Annäherung durch andere Hunde, obwohl auch Menschen das Ziel der Aggressivität sein können. Manche Besitzer finden dieses „eifersüchtige" Verhalten schmeichelhaft oder amüsant, andere leiden darunter. Häufig schreiben sie dieses Verhalten einem „Beschützerinstinkt" zu. Dieses Verhalten ist identisch mit anderen Formen der Ressourcenverteidigung, und es spricht auf entsprechende Übungen zur Verhaltensänderung an. Daher ist es nur logisch, in diesen Fällen den Besitzer als begehrte Ressource zu betrachten.

Verteidigen anderer Dinge

Im Grunde kann sich Verteidigungsverhalten auf alles Mögliche beziehen. Hunde können auch andere Hunde, ihre Leine, alle möglichen dem Besitzer gehörenden Dinge oder – selten – Wasser verteidigen. Ich hatte einmal einen Fall, wo der Hund zwanghaft alles verteidigte, was sich in einem Umkreis von etwa einem Meter um ihn herum befand. Sogar Möbelpolitur, vor der er sich unter anderen Umständen fürchtete.

Zusammentreffen mehrerer Faktoren

Es ist nicht ungewöhnlich, dass sich die Intensität, mit der ein Hund Dinge verteidigt, aufaddiert. Stellen Sie sich einen Hund vor, der Objekte mit geringer und das Bett mit mäßiger Intensität verteidigt. Würde man sich nun diesem Hund nähern, während er im Besitz eines neuen, begehrten Spielzeugs ist *und* sich auf dem Bett befindet, würde er wahrscheinlich ein ernsthafteres Verteidigungsverhalten zeigen als je zuvor.

Ähnlich verhält es sich bei Problemen, die mit körperlichen Berührungen zu tun haben. Diese (wie auch andere Probleme, die mit Unbehagen allen oder bestimmten Fremden gegenüber zusammenhängen) können in Verbindung mit Ressourcenverteidigung zu besonders heftigen Reaktionen ernsthafteren Ausmaßes führen.

Körperliche Berührungen

Wenn wir an Hunde denken, beinhaltet unsere Vorstellung meist, dass sie gern gestreichelt werden und es genießen, wenn man sie am Bauch krault und hinter den Ohren kratzt. Wenn ein Hund Schmerzen hat oder eine Furcht einflößende Prozedur beim Tierarzt über sich ergehen lassen muss, haben wir noch Verständnis für Nervosität oder Reizbarkeit. Völlig aus der Bahn wirft es uns jedoch, wenn ein Hund nett gemeinte Berührungen (oder gar solche, mit denen wir unsere Zuneigung ausdrücken wollen) nicht mag. Von keiner anderen Tierart würden wir erwarten, sich einfach so anfassen zu lassen – es sei denn, das betreffende Tier wäre von klein auf systematisch gezähmt und häufig berührt worden. Hunde dagegen sollen es „von Natur aus" lieben, berührt zu werden. Dies ist Teil unserer extrem hohen Erwartungen an sie. Als Folge davon wird die Chance, dies tatsächlich zu erreichen, häufig schon bei Welpen verpasst: indem sie nicht genug angefasst oder bestimmte Körperteile von den Berührungen ausgespart werden; indem man es versäumt, die Berührungen angenehm und entspannend für die Welpen zu gestalten oder, schlimmer, indem man traumatische Erlebnisse zulässt, ohne anschließend den Schaden aktiv wieder zu beheben.

So ist es wirklich kein Wunder, dass es manchen Hunden unangenehm ist und sie abwehrend reagieren, wenn man sie auf eine bestimmte Art oder an bestimmten Stellen berührt.

Nachfolgend eine Aufstellung der häufigsten „Problemzonen“ bei Berührungen:

- Festhalten von Rumpf, Kopf, Kiefern und/oder Gliedmaßen
- Greifen nach dem Halsband
- Berühren des Kopfes oder Ausstrecken der Hand nach dem Kopf
- Greifen über/um den Fang oder Festhalten desselben
- Öffnen des Fangs (Untersuchung von Zähnen und Zahnfleisch; Tabletteneingabe etc.)
- Berühren der Ohren
- Berühren der Pfoten – nur vorn, nur hinten oder beides
- Schneiden der Krallen
- Fassen der Haut
- Ziehen an den Haaren/Fellpflege
- Berühren der Hinterhand
- Berühren der Rute
- Berühren im Genital- und Analbereich

Hundefriseure und Tierärzte begegnen bei ihrer Arbeit häufig Hunden, die nicht an solche körperlichen Berührungen gewöhnt sind. Es ist daher kein Wunder, dass sie so oft gebissen werden und viele von ihnen darauf bestehen, dem Hund einen Maulkorb umzulegen. Hunde müssen an sehr viele verschiedene Berührungen gewöhnt werden. Entsprechende vorbeugende und therapeutische Übungen sind allerdings zum Glück recht einfach auszuführen und bringen in den allermeisten Fällen den gewünschten Erfolg.

Die Arbeit mit Ressourcenverteidigern

Behavioristisches und diagnoseorientiertes Modell

Hundeausbildung und Verhaltensmodifikation sind Bereiche, in denen es viele unterschiedliche Meinungen gibt. Sehr geläufig ist beispielsweise die Unterscheidung zwischen Ausbildern, die überwiegend oder ausschließlich Techniken anwenden, die ohne Aversiva* (z. B. Schmerzen oder Erschrecken) auskommen und Ausbildern, die darauf bestehen, dass Aversivmaßnahmen gut und nötig sind. Ein weniger geläufiger Unterschied ist, ob man sich auf das, was man tatsächlich beobachten kann, konzentriert oder auf das, was (nach Interpretation des Therapeuten) vermutlich im Hund vorgeht. Dies ist der Unterschied zwischen der behavioristischen und der diagnoseorientierten Vorgehensweise. Während sich ein Behaviorist für Verhalten interessiert, das er beobachten und quantifizieren kann, orientiert sich das diagnoseorientierte Modell in Richtung einer Symptom-Diagnose-Behandlung.

Während das diagnoseorientierte Modell das beobachtete Verhalten als *Symptom* eines zugrunde liegenden Problems, Syndroms oder einer Krankheit ansieht (wie etwa „Dominanzaggression" im Fall von Ressourcenverteidigung), beschränkt sich der Behaviorist auf das, was der Hund *tut* (etwas verteidigen in diesem Fall). Er ändert dieses Verhalten ohne den Versuch, zu raten, was in der „Black Box Hund" vor sich geht.

Dadurch, dass ich nun von „Ressourcenverteidigung" rede, könnte der Eindruck entstehen, ich sei gar nicht behavioristisch ausgerichtet. Schließlich kann ich zu keiner Zeit wissen, was in einem Hundekopf vorgeht. Dennoch kann ich Verhalten beobachten, erkennen, messen und verändern, indem ich von anerkannten Prinzipien des operanten und klassischen Konditionierens Gebrauch mache. Was Sie also in diesem Handbuch finden, sind Schilderungen von Verhalten und geeignete Techniken, um es zu ändern. Das heißt nicht, dass ich keine eigenen Ansichten und kein „Bauchgefühl" habe. Ich überlege mir oft aus Spaß, was sich wohl *meiner Meinung nach* in einem Hundekopf abspielt. Wenn es aber darum geht, Verhalten zu ändern, ist es effektiver, sich auf das zu konzentrieren, was der Hund tut.

---

* siehe Glossar

Verteidigungsverhalten erkennen

Die meisten Besitzer von Hunden mit Verteidigungsverhalten berichten, dass die Aggressivität eher gegen Familienangehörige als gegen Fremde gerichtet ist. Obwohl viele Hunde ihre Ressourcen praktisch jedem gegenüber verteidigen, sind Familienmitglieder mit höherer Wahrscheinlichkeit betroffen – ganz einfach, weil sie mehr *da* sind. Manchmal erkennt der Besitzer, dass das Problem auftritt, sobald der Hund im Besitz einer bestimmten Ressource ist oder sich nah bei ihr befindet. In anderen Fällen wird er nicht wissen, warum der Hund aggressiv ist. Manchmal verwirrt den Hundebesitzer das Verhalten sogar, weil es scheinbar völlig unvorhersagbar auftritt. Dies ist besonders wahrscheinlich, wenn (vom Besitzer unbemerkt) mehrere Faktoren zusammentreffen oder wenn eine Ressource oder Körperregion einfach bislang noch nicht als problematisch erkannt worden ist.

In der Regel ergibt eine Befragung, dass der Hund vorhersagbar immer dann aggressiv reagiert, wenn er in der Nähe seiner Problem-Ressource(n) ist. Bei der Fallaufnahme sollten Sie alle typischen Kategorien abfragen:

- Futter
- Gegenstände
- Orte
- Besitzer
- körperliche Berührungen

Verwenden Sie neue, für den Hund sehr hochwertige Ressourcen für Tests, die sowohl der Besitzer als auch Sie selbst mit dem Hund durchführen. Vermutlich wird der Hund nicht daran gewöhnt sein, einen Maulkorb zu tragen. Wenn ein Hund sich jedoch beim Tragen eines Maulkorbs nicht wohl fühlt, könnte er dadurch anders reagieren als sonst. Dies könnte u. U. bei Ihren Tests zu einem falschen Negativ-Ergebnis führen (damit ist gemeint, dass der Hund durch den Maulkorb „gehemmt" ist und aus diesem Grund nicht sein sonst übliches Verteidigungsverhalten zeigt – Anm. d. Übers.). Daher ist es besser, zunächst andere Sicherheitsvorkehrungen zu treffen, zum Beispiel Schutzhandschuhe oder eine künstliche Hand zu benutzen und/oder den Hund anzubinden.

Prognose

Beurteilung der Beißhemmung

Um einen möglichen Therapieerfolg bei einem Hund, der Ressourcen verteidigt, einschätzen zu können, muss man zuallererst seine Beißhemmung beurteilen. Bis auf wenige Ausnahmen wird der Schweregrad seiner Bisse einem festen Muster folgen, d. h. innerhalb eines bestimmten Rahmens nur sehr gering variieren. Wenn ein Hund zum Beispiel fünfmal gebissen hat und diese Bisse jeweils ein bis vier oberflächliche Löcher verursacht haben, kann man mit ziemlicher Sicherheit davon ausgehen, dass ein erneuter Biss auch wieder ein bis vier oberflächliche Löcher verursachen würde. Ein festes Zuschnappen beim Nehmen von Leckerchen ist eine andere Art von „Hartmäuligkeit". Diese kann man durch operantes Konditionieren ändern. Allerdings scheint das keinen nennenswerten Einfluss darauf zu haben, wie stark der Hund in anderen Situationen zubeißt: wenn er Ressourcen verteidigt, wenn ihm bestimmte Berührungen unangenehm sind oder wenn er ängstlich ist. Bislang gibt es keine effektiven Techniken, mit denen man die Beißhemmung in solchen Situationen verbessern kann.

Um die Beißhemmung zu beurteilen, muss man zuerst eine detaillierte Aufstellung aller Bisse machen, die der Hund bisher Menschen und anderen Hunden zugefügt hat, einschließlich aller Kämpfe oder Auseinandersetzungen mit anderen Hunden. Die wichtigste Information hierbei ist das Ausmaß des zugefügten Schadens pro Biss. Manchmal ist es regelrechte Detektivarbeit, diese Information aus der Fülle anderer Details herauszufiltern, die im Verlauf einer Fallaufnahme auf einen einströmen. Dies können zum Beispiel sein:

- der Kontext, in dem Bisse aufgetreten sind
- unmittelbare Auslöser
- wie der Besitzer diese Auslöser einschätzt (d. h., ob seiner Meinung nach der Biss gerechtfertigt war oder „provoziert" wurde)
- andere vorhandene Drohsignale
- wie der Besitzer die scheinbare Motivation, Absicht und emotionale Verfassung des Hundes empfunden hat.

Lassen Sie sich nicht von Ihrer Aufgabe ablenken, für jeden einzelnen Beißvorfall präzise herauszufinden, welche Art von Verletzung welcher Person an welchem Körperteil durch welche Art von Kleidung hindurch zugefügt wurde, ob eine medizinische Versorgung notwendig war und wenn ja, welcher Art.

Viele andere Aspekte der Vorgeschichte werden später noch sehr wichtig für die Bestimmung möglicher Auslöser, das Aufstellen von Trainingsplänen und für das Management* werden. Für die Beurteilung der Beißhemmung müssen Sie diese Faktoren allerdings zunächst einmal weglassen. Ist die Beißhemmung zum Beispiel extrem schlecht, könnte dies eine Behandlung unmöglich machen. Sicherlich wollen Sie Ihrem Kunden möglichst früh Ihre Einschätzung dazu mitteilen, ob Sie ihm helfen können oder nicht. Auch die Empfehlungen, die Sie Ihrem Kunden als Sofortmaßnahmen und zur „Schadensverhütung" geben, werden zu einem Großteil davon abhängen, was Sie über die Beißhemmung herausfinden. Dies sind die Gründe, warum Sie bei der Fallaufnahme als Erstes diesen Aspekt herauskitzeln müssen.

Viele Hundeausbilder glauben, dass auch Kämpfe mit anderen Hunden einen gewissen Aufschluss über die Beißhemmung geben. Ich möchte zu bedenken geben, dass dies nicht so aussagekräftig ist wie eine Aufstellung aller bisherigen Beißvorfälle. Auch die Befragung zu Kämpfen mit anderen Hunden muss auf die Beißhemmung abzielen. Dies wird aber häufig durch andere Elemente des Kampfes erschwert, die dem aufgeregten Hundebesitzer als wichtig erscheinen. Selbst wenn ein Kampf zwischen Hunden völlig den hundlichen Ritualen entspricht, kann er höchst dramatisch wirken und für den Besitzer sehr beängstigend sein. Der Hund Ihres Kunden ist vielleicht selbst verletzt worden (was eine Aussage über die Beißhemmung des anderen Hundes zulässt, die aber hier nicht relevant ist), kann Opfer oder scheinbarer Anstifter sein. Um es noch einmal zu sagen: Ihr einziges Interesse gilt der Schwere der Verletzungen, die der Hund Ihres Kunden dem anderen Hund zugefügt hat, ob eine tierärztliche Versorgung notwendig war (und, wenn ja, welche).

---

* siehe Glossar

Es gibt keinen Normwert, der eindeutig angibt, bis zu welchem Schweregrad von Bissen ein Hund noch als therapierbar eingestuft werden kann. Dies muss der Therapeut beurteilen, bevor er beschließt, einen Fall mit Aggressionsverhalten anzunehmen. Viele qualifizierte Ausbilder und Verhaltenstherapeuten behandeln überhaupt keine Fälle von Aggression. Manche nehmen nur Fälle an, in denen kein oder nur minimaler Schaden verursacht wurde (z. B. oberflächliche Abschürfungen bis hin zu einem oberflächlichen Loch) oder Fälle, in denen der Hund alle Register des Drohverhaltens zieht, aber glücklicherweise eine so hohe Reizschwelle hat, dass er noch niemanden gebissen hat. Andere Therapeuten behandeln vielleicht alles bis zu einer Obergrenze von vier mäßig tiefen Löchern, aber ohne zweidimensionale Risswunden (Bisse, in denen der Hund festgehalten und geschüttelt hat, was dazu führt, dass die ursprünglichen Löcher Risse in zwei Richtungen aufweisen). Es gibt auch Therapeuten, die ihre Entscheidung, einen Fall anzunehmen, nicht vom Grad der Beißhemmung abhängig machen. Möglicherweise bewerten sie jedoch andere Faktoren, z. B. die Management-Fähigkeit des Besitzers, mögliche Haftungsfragen oder im Haushalt lebende Kinder. Meine persönliche Empfehlung ist: striktes Management oder Einschläfern von Hunden, die tiefe Löcher und Quetschungen mit oder ohne Reißen in zwei Richtungen zufügen. Bevor Sie einen Fall annehmen, ist es wichtig, dass Sie sich entscheiden, für welche Art von Fällen Sie sich qualifiziert fühlen und Beratungen übernehmen möchten. Wenn Sie an einen Fall geraten, der nicht in Ihren Bereich fällt, sollten Sie wissen, an wen Sie die Hundebesitzer verweisen können.

Um den Schweregrad von Bissen beurteilen zu können, ist es wichtig, möglichst viel über das Opfer zu erfahren, beispielsweise über seine Kleidung und an welchem Körperteil es gebissen wurde. Dieselbe Kieferkraft, die an der Wade eines erwachsenen Mannes durch Jeansstoff hindurch nur einen kleinen blauen Fleck verursacht, könnte das Gesicht eines Kindes ernsthaft entstellen. Ähnlich blutet ein Riss im Ohr, zugefügt in einer Auseinandersetzung zwischen Hunden, dramatisch; und während z. B. ein Whippet sehr leicht zu „lochen“ ist, hätte derselbe Beißdruck bei den meisten anderen Hunden überhaupt keinen Schaden verursacht. Abschließend kann man sagen, dass die Haut der meisten Hunde nicht so leicht zu verletzen ist wie die menschliche. All diese Besonderheiten sollten Sie bei der Aufnahme von Beißvorfällen berücksichtigen.

Liegen bisher keine Angaben über Bisse vor, gibt auch das Spielverhalten mit anderen Hunden einen gewissen Aufschluss über die Beißhemmung (fragen Sie gezielt nach „Ringkämpfen“ mit spielerischem Beißen – Rennspiele sind nicht aussagekräftig).

Weitere Hinweise auf die Beißhemmung geben die Art des Beißens im Spiel mit Menschen, die Behutsamkeit des Hundes in Situationen, in denen der Besitzer die Hände in seinem Fang hat (z. B. beim Zähneputzen oder Eingeben von Tabletten) und schließlich die Art, wie der Hund Leckerchen entgegen nimmt.

Beachten Sie aber, dass diese Indikatoren weitaus weniger zuverlässig sind als solche, die man aus echten Beißvorfällen bekommt. Ich verwende die vorgenannten Informationen normalerweise nur als Ergänzung, wenn bisherige Beißvorfälle bei einem bestimmten Hund zwar eine gute Beißhemmung vermuten lassen, aber bislang zu selten waren, um eine sichere Einschätzung zu ermöglichen.

Um es noch einmal zu wiederholen: Zwischen der Beißhemmung des Hundes beim Nehmen von Leckerchen, bei der Zahnpflege oder beim spielerischen Beißen und seiner Beißhemmung im Ernstfall scheint ein gewisser Zusammenhang zu existieren. Dennoch: Obwohl erstere durch Training verbessert werden kann, gibt es keinen Beweis dafür, dass sich dies auch darauf auswirkt, wie stark der Hund zubeißt, wenn er Ressourcen verteidigt.

Liegen nur wenige oder gar keine Informationen über die Beißhemmung eines Hundes vor, sollte man aus Sicherheitsgründen so verfahren, als wäre sie schlecht. Es empfiehlt sich, anfangs einen Maulkorb zu verwenden, wenn der Schwierigkeitsgrad im Training erhöht wird. Zudem sollte man außerhalb der Trainingseinheiten ein penibles Management einhalten und stets einen wachen Blick für problematische Situationen haben.

Weitere Anhaltspunkte für eine Prognose

Folgende weitere Faktoren können die Wahrscheinlichkeit eines Therapieerfolges beeinflussen:

- Anzahl und eindeutige Bestimmbarkeit der Auslöser
- Engagement des Besitzers und seine Bereitschaft zur Mitarbeit
- die Reizschwelle, ab der der Hund beißt und Vorhandensein (bzw. Fehlen) eines deutlichen Drohverhaltens
- Eigenschaften des Hundes wie „Impulsivität", Größe und Lernfähigkeit

Zweifelsohne ist ein Hund, der beim Fressen seinen Futternapf verteidigt und ansonsten höchstens noch ein paar wenige begehrte Objekte, einfacher zu behandeln als einer, der sowohl seinen Futternapf und andere essbare Dinge als auch bestimmtes Spielzeug und neue und verbotene Objekte verteidigt und darüber hinaus noch ein bisschen heikel bei der Körperpflege ist. Je *genauer* die *Auslöser bekannt* sind, desto einfacher ist die Behandlung. Die Aussichten für einen Hund, der stets das Bett gegen sein Herrchen verteidigt und etwas eigen ist, wenn dieser ihn vom Sofa schieben will, sind rosiger als für einen Hund, dessen Verteidigungsverhalten in vielen verschiedenen Situationen auftritt und sogar bei gleichen Reizen sehr unterschiedlich ausfallen kann. Solche „unklaren", schwer greifbaren Auslöser machen die Erstellung eines Trainingsplans für die Desensibilisierung sehr schwierig; vom Management außerhalb des eigentlichen Trainings ganz zu schweigen. Die Wahrscheinlichkeit, ganz exakt zu erkennen, wo das Problem liegt und damit die Möglichkeit, einem erneuten Auftreten des unerwünschten Verhaltens während der Therapie vorzubeugen, ist geringer als bei Hunden, bei denen man die Auslöser für ihr problematisches Verhalten genau kennt.

Der Tierarzt und Autor Ian Dunbar ist der Ansicht, dass der *Besitzer* in der Hundeausbildung eine sehr große Rolle spielt. Damit hat er völlig Recht. Schwere und hartnäckige Fälle in der Hand eines fähigen und engagierten Besitzers sind oft einfacher zu lösen als relativ leichte Fälle mit Besitzern, die über wenig Können und geringe Motivation verfügen. Einer der Faktoren, die einen Ausbilder bis zur Erschöpfung treiben können, ist eine endlose Folge von Fällen, die eigentlich Routinefälle wären, wenn nur die Besitzer vernünftig mitarbeiten würden.

Eine viel versprechende Entwicklung in unserem Berufszweig ist die Zunahme von Ausbildern und Verhaltenstherapeuten, die gut mit Menschen umgehen können und wissen, wie man erwachsene Lernende unterrichtet, informiert und motiviert. Dies wird dazu beitragen, unsere Erfolgsquote bei solchen Fällen zu erhöhen, in denen der Besitzer die Schwachstelle ist.

Beim Verteidigen von Ressourcen folgt jeder Hund in seinem *Drohverhalten* einem eigenen Muster. Einige durchlaufen die klassische Abfolge und frieren zuerst ein, danach knurren, sie, zeigen die Zähne, schnappen, und schließlich, wenn all diese Drohungen nichts bewirken, beißen sie auch (hoffentlich mit einer gewissen Beißhemmung). Andere Hunde zeigen sehr wenig Drohverhalten. Scheinbar ist alles in Ordnung – und dann beißen sie plötzlich zu. Die meisten Hunde liegen irgendwo dazwischen. Welche Drohsignale ein Hund zeigt, wie lange es dauert, bis er zum nächst stärkeren Signal übergeht und wie stark eine Bedrohung sein muss, um schließlich ein Beißen auszulösen, machen sein individuelles Verhaltensmuster aus.

Der ideale Kandidat für eine Therapie hat eine hohe *Reizschwelle*. Bevor er beißt, durchläuft er mehrere Stufen klar erkennbaren Drohverhaltens, und er braucht relativ lange, bis er von einer Stufe der Drohung zur nächst höheren wechselt. Dadurch gibt der Hund sowohl während der therapeutischen Übungen als auch in einer vergleichbaren Situation im Alltag sehr viele deutliche Hinweise darauf, dass er jemanden, der sich ihm nähert, beißen könnte. Vergleichen Sie dies mit einem Hund, der eine niedrige Reizschwelle hat und nicht lange warnt, bevor er beißt. Der erstgenannte Hund beißt Sie sehr wahrscheinlich erst dann, wenn Sie sich schon über ihn beugen und nach der Ressource greifen (und auch erst, nachdem er während Ihrer Annährung nacheinander durch Erstarren, Grummeln und Knurren gewarnt hat). Der Hund mit niedriger Reizschwelle dagegen lässt keine Änderung in seinem Verhalten erkennen und beißt dann plötzlich ohne Warnung zu, wenn Sie sich in einem Meter Entfernung leicht vorbeugen um zu sehen, was er da hat.

Auch die *Lerngeschwindigkeit* ist ein Faktor, der bei der Prognosestellung eine Rolle spielt. Obwohl meiner Meinung nach das Konzept der Intelligenz des Hundes überbewertet wird, gibt es unter Hunden durchaus deutliche Unterschiede bezüglich der Lerngeschwindigkeit.

In vielen Fällen lässt sich diese auf ein abwechslungsreicheres Umfeld zurückführen; besonders, wenn man dem Hund schon andere Dinge beigebracht hat und er „gelernt hat zu lernen“. In anderen Fällen kann es eine natürliche Veranlagung sein, generell leichter zu lernen oder speziell solche Aufgaben leicht zu lernen, die gegen die Ressourcenverteidigung eingeübt werden. Hunde, die leichter lernen, werden schneller im Trainingsprogramm vorankommen, ansonsten unterscheiden sie sich nicht von anderen Hunden.

Manche Hunde scheinen eine Eigenschaft zu besitzen, die nicht die Lerngeschwindigkeit betrifft, sondern ihre ansonsten normale Lernfähigkeit behindert. Mangels eines besseren Ausdrucks nenne ich es *„Impulsivität“*: die Neigung eines Hundes, Reaktionen zu zeigen, die eher reflexartig und gefühlsgesteuert anmuten. Wenn ein Hund, der Ressourcen verteidigt, diese Eigenschaft hat, wird das den Fortschritt verlangsamen. Diese „Impulsivität“ kann möglicherweise durch bestimmte Medikamente beeinflusst werden.

Abschließend sollte man für die Prognose berücksichtigen, dass die *Körpergröße* eines Hundes in direktem Zusammenhang mit der Schwere der Verletzungen steht, die er verursachen kann. Ebenso hat sie Einfluss darauf, als wie schwerwiegend ein Aggressionsproblem sowohl vom Besitzer als auch von der Umwelt empfunden wird. Die Größe des Hundes hat demzufolge sowohl Einfluss auf die Kooperationsbereitschaft des Besitzers als auch auf das Haftungsrisiko, und sie wird sich somit auch in Statistiken über Therapieergebnisse niederschlagen.

Sicherheitsmaßnahmen

Der Gebrauch von Maulkörben und Anbindevorrichtungen

Die Verwendung von Hilfsmitteln bei der Verhaltensmodifikation hat Vor- und Nachteile. Ein Nachteil ist immer, dass man Hilfsmittel wieder abbauen bzw. den Hund davon entwöhnen muss (es sei denn, der Gebrauch des Hilfsmittels ist im Alltag unproblematisch und man hat es immer zur Hand). Im Falle von Ressourcenverteidigung sorgen Maulkörbe und Anbindevorrichtungen für Sicherheit während der Übungen, besonders, wenn bei einem Hund mit mittelmäßiger oder schlechter Beißhemmung versehentlich die Reizschwelle überschritten wird und dies einen Biss zur Folge haben könnte. Oft werden sie bei den ersten Übungen verwendet, bis der Hund diese gut beherrscht. Danach verzichtet man darauf, damit das Erlernte schrittweise auf den Alltag übertragen werden kann.

Bei Hunden, die schon Bissverletzungen verursacht haben, würde ich anfangs sicherheitshalber einen Maulkorb verwenden, den Hund anbinden und/oder dicke Handschuhe (z. B. Kevlar®*) tragen. Gleiches gilt für Hunde, deren Beißhemmung man nicht einschätzen kann. Wenn Kinder Übungen mit dem Hund durchführen, sollten sogar bei gut ausgeprägter Beißhemmung Vorsichtsmaßnahmen (Maulkorb, Anbinden) getroffen werden. Bei Übungen am Futternapf sind Maulkörbe ungünstig, da sie den Hund am Fressen hindern. Hier bieten sich Anbinden und/oder Handschuhe an.

Normalerweise geht man so vor, dass der Hund zunächst mit Maulkorb und/oder angebunden das Trainingsprogramm vollständig durchläuft, bis er auch in spontanen Tests zuverlässig ist. Als spontaner Test gilt jeweils der erste Versuch einer Trainingseinheit, bevor der Hund durch wiederholte Übungen „aufgewärmt" ist. Solche Spontantests geben Aufschluss über den tatsächlichen Stand der Therapie: „Aufgewärmt" reagieren Hunde nämlich oft völlig anders als beim ersten Versuch der ersten Übungseinheit des Tages, der dem Alltag viel ähnlicher ist. Sobald der Hund bei diesen Spontantests zuverlässig ist, wird das gesamte Programm noch einmal ohne Maulkorb durchgearbeitet.

---

* siehe Glossar

Sind Kinder in der Familie, sollten der Reihe nach folgende Schritte durchgeführt werden: Der Hund durchläuft jeweils das komplette Trainingsprogramm (einschließlich der Erfolge bei spontanen Tests):

- mit Maulkorb mit allen Erwachsenen
- mit Maulkorb mit allen Kindern
- ohne Maulkorb mit allen Erwachsenen
- ohne Maulkorb mit allen Kindern

Alternativ können Sie auch so vorgehen:

- mit Maulkorb mit allen Erwachsenen
- ohne Maulkorb mit allen Erwachsenen
- mit Maulkorb mit allen Kindern
- ohne Maulkorb mit allen Kindern

Entscheidend ist, dass die Kinder erst dann mit dem Hund ohne Maulkorb trainieren, wenn er alle Übungen des Trainingsplans bereits drei Mal gemeistert hat. Ist man auf dieser Stufe angelangt, erfolgt die neu antrainierte Reaktion zuverlässig, ist gut generalisiert und man erlebt weniger leicht böse Überraschungen.

Da durch Anbinden ein plötzliches Vorpreschen des Hundes verhindert werden kann, empfehle ich es ganz besonders in folgenden Fällen:

- bei schlecht ausgeprägtem Warnen
- bei niedriger Reizschwelle (zum Beißen)
- wenn Warnverhalten oder Reizschwelle nicht bekannt sind
- wenn man versucht, unklare Auslöser genauer zu bestimmen

Auch beim Anbinden sollten Sie die beschriebene Vorgehensweise einhalten, das heißt, der angebundene Hund sollte bei Spontantests zuverlässig reagieren, bevor Sie das Programm ohne Anbinden wiederholen. Anders als das Tragen eines Maulkorbs erfordert das Anbinden keine vorherige Desensibilisierung.

Die Leine, an der der Hund angebunden wird, sollte natürlich reißfest, aber möglichst leicht sein (dies erleichtert den Übergang vom Arbeiten ohne Leine). Sie sollte so bemessen sein, dass sie etwa einen halben Meter durchhängt (nicht mehr, damit im Fall eines plötzlichen Vorspringens des Hundes der Trainer relativ leicht außer Reichweite gelangen kann).

Für die in diesem Buch beschriebenen Übungen ist ein tütenförmiger Maulkorb am besten geeignet, wie ihn auch Hundefriseure häufig verwenden. Der Hauptgrund dafür ist, dass man dem Hund damit einfacher Leckerchen geben kann als mit einem Gitter-Maulkorb. Letzterer ermöglicht zwar ein Hecheln, erschwert aber das Verabreichen von Leckerchen. Für die Gegenkonditionierung bei Ressourcenverteidigung eignen sich schmackhafte Leckerchen jedoch fast immer am besten Bei heißem Wetter oder direkt nach körperlicher Anstrengung sollten Sie den Hund keinen Tütenmaulkorb tragen lassen. Legen Sie eine Pause ein, wenn Sie den Eindruck haben, dass ihm heiß ist und er hecheln muss.

Maulkorbgewöhnung (-Desensibilisierung)

Bevor man in den Übungen einen Maulkorb verwendet, sollte der Hund systematisch damit vertraut gemacht werden. Dies ist wichtig, damit die Reaktionen des Hundes durch das Tragen des Maulkorbs möglichst wenig beeinflusst werden und er das Gelernte gut generalisiert. Außerdem ist diese Vorgehensweise weniger aversiv, als dem Hund einfach einen Maulkorb zu verpassen. Nachstehend finden Sie ein Beispiel, wie eine

Maulkorb-Desensibilisierung und -Gegenkonditionierung ablaufen kann. Gehen Sie jeweils erst dann zum nächsten Schritt weiter, wenn Sie die aktuelle Aufgabenstellung erfolgreich abgeschlossen haben. Für das komplette Programm braucht man bei einer Übungsdauer von mindestens einmal täglich fünfzehn bis zwanzig Minuten in der Regel ein bis zwei Wochen.

1. Zeigen Sie dem Hund den Maulkorb und geben Sie ihm dann eine große Handvoll schmackhafter Leckerchen. Wiederholen Sie dies mehrmals täglich, bis der Hund eine freudige Erwartung zeigt, sobald er den Maulkorb sieht. Diese Reaktion sieht so ähnlich aus wie bei den meisten Hunden, wenn man die Leine vom Haken nimmt.

2. Spielen Sie ein Target-Spiel* mit dem Maulkorb: Halten Sie dem Hund den Maulkorb hin und belohnen Sie ihn jedes Mal, wenn er diesen mit seiner Nase anstupst. Hierbei ist es von Vorteil, wenn der Hund mit dem Clicker vertraut ist, da man damit erwünschte Reaktionen zeitlich exakt markieren kann. Informationen über Clickertraining bekommen Sie z. B. in Karen Pryors Buch *„Positiv bestärken, sanft erziehen"* oder in Birgit Lasers Buch *„Clickertraining"*.

3. Wenn der Hund den Maulkorb sofort anstupst, wenn Sie ihn hinhalten, belohnen Sie ihn nur noch für jedes zweite oder dritte Mal. Versuchen Sie dabei, besonders diejenigen Nasenstupser zu belohnen, die ein bisschen länger und kräftiger sind.

4. Halten Sie den Maulkorb so, dass die Öffnung zum Hund zeigt. Belohnen Sie den Hund nun jedes Mal, wenn er mit der Nase in die Nähe der Öffnung kommt. Geben Sie besonders große Belohnungen, wenn er die Tendenz zeigt, seine Nase direkt in den Maulkorb zu stecken. Auf dieser Stufe kann man den Hund noch dazu bringen, seine Nase in den Maulkorb zu stecken, indem man ein Leckerchen so ans andere Ende des Maulkorbs hält, dass er nur auf diesem Wege herankommt. Obwohl man bisweilen direkt mit dieser Lock-Übung beginnen und die Schritte 1 bis 3 überspringen kann, ist es besser, ein wenig Zeit mit den vorbereitenden Übungen zu verbringen.

---

* siehe Glossar

5. Ab sofort gibt es nur noch dann eine Belohnung, wenn der Hund seine Nase direkt in den Maulkorb steckt. Wurde dies bisher mit Locken erreicht, schleichen Sie das Locken jetzt aus. Der Hund muss nun seine Nase in den Maulkorb stecken, *bevor* Sie das Leckerchen hervorholen, und nicht erst dann, wenn er das Leckerchen am anderen Ende sieht.

6. Verlängern Sie nun die Dauer: Wenn der Hund die Nase im Maulkorb hat, verzögern Sie die Gabe des Leckerchens durch das Loch für eine oder zwei Sekunden. Loben Sie ihn überschwänglich, während er wartet. Sagen Sie ihm, wie gut ihm der Maulkorb steht. Steigern Sie allmählich die Zeit, die er im Maulkorb bleiben muss, bis auf zehn Sekunden.

7. Stellen Sie die Riemen des Maulkorbs so ein, dass sie sehr lose sitzen würden. Während der Hund wie in Schritt 6 im Maulkorb auf sein Leckerchen wartet, hantieren Sie mit den Kopfriemen. Sobald er sich daran gewöhnt hat, versuchen Sie, den Maulkorb ganz locker zu schließen. Wenn Sie dem Hund den Maulkorb zum ersten Mal richtig umlegen, loben Sie ihn in den höchsten Tönen und füttern Sie ihn großzügig. Vielleicht zieht er seine Nase zunächst aus dem Maulkorb, wenn Sie zum ersten Mal mit den Riemen hantieren. Wenn er das tut, lassen Sie die Riemen für einen Moment los und versuchen Sie es anschließend noch einmal etwas vorsichtiger.

8. Stellen Sie die Riemen des Maulkorbs so ein, dass sie dem korrekten Sitz näher kommen (dieser ist eng um die Rückseite des Hundekopfes herum, direkt unter dem Hinterhauptsbein, dem spitzen Knochen hinten am Kopf). Schließen Sie den Maulkorb und loben Sie den Hund ganz besonders und geben Sie ihm eine erstklassige Futterbelohnung. Toll sieht er aus!

9. Stellen Sie den Maulkorb allmählich enger und steigern Sie die Zeit, die der Hund ihn trägt. Nun sind Sie so weit, dass Sie den Maulkorb für Übungen im Zusammenhang mit Verteidigungsverhalten und beim Berührungstraining einsetzen können.

Behandlung von Ressourcenverteidigung

Therapieübersicht

Ein typisches Rehabilitationsprogramm für Ressourcenverteidiger besteht überwiegend aus Desensibilisierungs- und Gegenkonditionierungsübungen, um das vorhandene Verteidigungsverhalten zu ändern. In den meisten Fällen wird man großen Wert darauf legen, dass das neu erlernte Verhalten generalisiert wird: Der Hund soll es bei allen Menschen zuverlässig zeigen – nicht nur bei denen, die mit ihm trainiert haben. Übliche Ergänzungsmaßnahmen sind: Übungen zur Impulskontrolle („Selbstbeherrschung"), körperliche Auslastung und mentale Stimulation des Hundes sowie das Vermitteln von Grundlagen über die Lernprinzipien bei Tieren an die Hundebesitzer.

Achten Sie außerdem stets auf Verteidigungsverhalten, das über das hinausgeht, wegen dem der Hund ursprünglich vorgestellt wurde. Prüfen Sie auch, wie der Hund auf Berührungen reagiert. Wenn Sie hierbei fündig werden oder die Besitzer Sie noch wegen weiterer Verhaltensprobleme aufsuchen, sprechen Sie diese mit der Familie durch. Erstellen Sie dann gemeinsam eine Prioritätenliste und legen Sie gemeinsam fest, in welcher Reihenfolge was gemacht werden soll. Teilen Sie dabei den Besitzern auch mit, wie Sie die Erfolgsaussichten bei den einzelnen Problemen einschätzen. Dadurch helfen Sie ihnen, ihre Erwartungen an die Realität anzupassen.

Manchmal können mehrere Probleme gleichzeitig bearbeitet werden, ein anderes Mal konzentriert man sich besser nur auf eines zur Zeit. Ergänzende Übungen oder Änderungen im Tagesablauf des Hundes können in beiden Fällen schon von Beginn an parallel zum Training erfolgen. Wenn Sie einen Maulkorb verwenden wollen, sollten Sie den Hund vor Beginn der Übungen daran gewöhnt haben. Sie sollten außerdem überlegen, ob zusätzlich zu den Desensibilisierungs- und Gegenkonditionierungsübungen weitere Maßnahmen notwendig sind. Machen Sie sich Gedanken über Veränderungen in Tagesablauf und Ausbildung des Hundes, das Ausmaß an Bewegung und über Empfehlungen an Familienmitglieder zum Umgang mit dem Hund. Außerdem gehört zu den Vorbereitungen der Therapie, der Familie das Programm zu erklären. Die Besitzer sollten wissen, dass es notwendig ist, die Umgebung des Hundes während des gesamten Programms zu managen.

Management

Management bedeutet, das Problem oder den Auslöser für ein bestimmtes Verhalten dadurch zu vermeiden, dass man das Umfeld des Hundes entsprechend gestaltet bzw. „kontrolliert“. Dies ist manchmal durchaus eine Alternative zur Verhaltensmodifikation oder kann in Kombination damit angewendet werden. Während der Therapie erfüllt das Management einen doppelten Zweck: die Vorbeugung von Zwischenfällen und die Vermeidung von Rückschlägen im Training.

Nehmen wir als Beispiel einen Hund, der Objekte verteidigt. Er hat bereits Fortschritte gemacht und verteidigt inzwischen keine Büffelhautknochen mehr. Mit Schweineohren wurde bisher noch nicht trainiert. Kommt es eines Tages zu einem Zwischenfall mit einem Schweineohr, könnte dies einen Rückschritt bewirken – sogar für die bereits erfolgreich absolvierten Übungen mit Büffelhautknochen.

Beim Management eines Hundes, der Ressourcen verteidigt, ist die wichtigste Maßnahme, wirklich *alle* Gegenstände aus seiner Umgebung zu entfernen, mit denen die Übungen noch nicht abgeschlossen sind. Das können Sie sich so vorstellen, als würde man alle Tests für die zwölfte Klasse vor einem Achtklässler verstecken (bis er in der zwölften Klasse ist).

Auch das sorgfältigste Management ist nicht immer hundertprozentig durchführbar. Deshalb sollten Sie darauf vorbereitet sein, dass der Hund irgendwann einmal in eine Situation gerät, der er noch nicht gewachsen ist. Hier kommt die andere Vorsichtsmaßnahme zum Einsatz: Vermeiden Sie auf jeden Fall eine Auseinandersetzung!

Ein Beispiel dafür ist ein Hund, der das Bett verteidigt und zwischen den Übungseinheiten nicht ins Schlafzimmer gelassen wird, weil er spontane Tests noch nicht bestehen würde. Ist nun eines Tages die Schlafzimmertür versehentlich offen geblieben und der Hund aufs Bett gesprungen, sollte sein Besitzer ihn einfach ignorieren und darauf warten, dass er von allein wieder vom Bett herunter kommt. Alternativ dazu kann auch ein simples Umlenken des Verhaltens erfolgen: Rufen Sie den Hund in die Küche, als ob nichts wäre, und geben ihm ein Leckerchen. Oder rufen Sie ihn, um einen kurzen Spaziergang mit ihm zu machen.

In einer unvorhergesehenen Situation – etwa, wenn ein Objektverteidiger auf der Straße etwas wirklich Gefährliches findet, das man nicht ignorieren kann – versuchen Sie als erstes einen „Tauschhandel“. Probieren Sie alles, was Ihnen einfällt, um den Hund zu sich zu locken oder abzulenken. Tun Sie dies rasch, aber bleiben Sie dabei gelassen. Neigt der Hund zu einem solchen Verhalten, ist es sinnvoll, ein ganz besonderes „Notfall-Tausch-Objekt“ speziell für diesen Zweck dabei zu haben.

Dieses Verfahren ist weitaus ungefährlicher und unschädlicher als sich auf eine Konfrontation einzulassen, in der Sie den Hund maßregeln oder mit ihm kämpfen. Locken ist zwar für eine Verhaltensänderung alles andere als förderlich, aber wenn Sie in der Klemme stecken, ist alles erlaubt. Dies ist keine Trainingssituation! Alles, was man in dem Moment will, ist, mit geringst möglichem Schaden für Besitzer, Hund und Trainingsprogramm aus der Sache herauszukommen. Noch einmal: Sorgfältiges Management beugt Konfliktsituationen vor.

Wenn Kinder im Haushalt leben

Leben Kinder im Haushalt, müssen Ressourcenverteidigung oder Berührungsprobleme des Hundes anders bewertet werden. Für kleine Kinder ist es so gut wie unmöglich, sich an Managementregeln zu halten. Sie tapsen einfach auf Hunde zu, ohne sich etwas dabei zu denken. Durch ihre geringe Körpergröße ist die Wahrscheinlichkeit höher, dass bei einem Biss das Gesicht getroffen wird. Aus diesen Gründen müssen höhere Maßstäbe angelegt werden, wenn Kinder zur Familie gehören. Ziehen Sie in Erwägung, für den Hund ein neues Zuhause in einem kinderlosen Haushalt zu suchen oder sogar, ihn einschläfern zu lassen, wenn seine Beißhemmung schlecht oder die Reizschwelle, bei der er beißt, niedrig ist. Wie bereits erwähnt, sollte der Hund bei seinen ersten Übungen mit Kindern einen Maulkorb tragen und das Programm zuvor schon mit allen Erwachsenen durchlaufen haben. Grundsätzlich müssen Kinder bei den Übungen immer von einem kompetenten Erwachsenen angeleitet werden.

Desensibilisierung und Gegenkonditionierung (D&G)

Grundprinzipien der D&G

Systematische Desensibilisierung ist eine Technik, die ursprünglich von Verhaltenstherapeuten entwickelt wurde, um Menschen mit Ängsten und Phobien zu behandeln. Der Patient wird einem Angst auslösenden Objekt oder einer Angst auslösenden Situation ausgesetzt, aber in einer so geringen Intensität, dass keine Angstreaktion ausgelöst wird. Wenn Sie zum Beispiel Panik vor Ameisen hätten, könnte der erste Schritt sein, Ihnen eine Comiczeichnung einer rosafarbenen Ameise zu zeigen; wenn nötig, aus einer gewissen Entfernung. Sie hätten (hoffentlich) nicht die geringste Angst. Die Intensität (in diesem Beispiel der Grad der realistischen Darstellung und die Entfernung) wird dann ganz allmählich gesteigert, immer nur so weit, dass der Patient sich noch wohl fühlt. Zu Beginn der Behandlung wird eine Schwierigkeitsskala entwickelt, beginnend mit den einfachsten bis hin zu den schwierigsten Versionen des Reizes.

Desensibilisierung wird meist in Verbindung mit einer anderen Technik, der *Gegenkonditionierung*, durchgeführt. Bei letzterer wird die klassische oder Pawlowsche Konditionierung angewendet. Bei der klassischen Konditionierung entwickelt das Tier oder der Mensch eine antizipatorische Reaktion (eine Art „Erwartungshaltung") auf ein Ereignis, wenn dieses zuverlässig ein anderes Ereignis ankündigt. Besonders gut erkennbar ist die Verknüpfung zwischen den beiden Ereignissen, wenn das zweite Ereignis bedeutsam oder wichtig für das Subjekt (den Hund in unserem Fall) ist.

Es bringt Tieren große Vorteile, Hinweise auf wichtige Ereignisse in ihrem Umfeld zu erkennen. Hunde lernen, dass ein Spaziergang ansteht, wenn die Leine vom Haken genommen wird. Katzen lernen, dass das Geräusch des Dosenöffners Futter ankündigt. Und wir alle kennen die Geschichte von Pawlows Hunden*.

* siehe Glossar

Zurück zu unserer Ameise: Wie wäre es, wenn ich Ihnen jedes Mal, wenn ich Ihnen das Bild mit der Ameise zeige, danach ein Stück von Ihrer belgischen Lieblingsschokolade gebe? Nach einigen Wiederholungen werden Sie höchstwahrscheinlich der Ameise gegenüber ein gutes Gefühl entwickeln.

Es ist äußerst wichtig, zwischen klassischer und operanter Konditionierung zu unterscheiden. Bei der klassischen Konditionierung lernt das Tier etwas über Ereignisse und ihre ankündigende Beziehung zu anderen Ereignissen. Beim operanten Konditionieren lernt es etwas über sein eigenes, willkürliches Verhalten und dessen Folgen. Beim klassischen Konditionieren geht es um Assoziationen. Beim operanten Konditionieren geht es um Belohnungen und Strafen. Außerdem ist die antizipatorische Reaktion („Erwartungshaltung"), die während des klassischen Konditionierungsvorgangs entsteht, nicht willkürlich (d. h. nicht vom Willen gesteuert).

Alle möglichen unwillkürlichen Reaktionen können klassisch konditioniert werden; beispielsweise Magen- und Speichelsekretion, Immunreaktionen und autonome Reflexe. Diese sind bei der Verhaltensmodifikation von Hunden kaum von praktischem Interesse. Von sehr großem Nutzen allerdings sind die *emotionalen* Reaktionen. Paart man einen Stimulus mit einem bedeutungsvollen zweiten Stimulus, kann man dadurch eine Konditionierte Emotionale Reaktion (KER) schaffen. Ursprünglich ging es bei vielen KER-Experimenten um das Konditionieren von Angstreaktionen. Hierzu wurden ansonsten neutrale oder positive Dinge mit aversiven, Furcht einflößenden Reizen gepaart. In unserem Training sind wir allerdings in der Regel eher daran interessiert, dass Hunde sich bei bestimmten Ereignissen *gut* und nicht schlecht fühlen. Daher benutzen wir zum Konditionieren auch keine unangenehmen Dinge, sondern – im Gegenteil – beim Hund sehr beliebte: z. B. leckeres Futter, Spielzeug oder Spaziergänge.

Beim Gegenkonditionieren geht es darum, Assoziationen zu ändern. Es heißt *Gegen*konditionieren (statt einfach Konditionieren), weil der Hund bereits eine unangenehme emotionale Reaktion auf etwas entwickelt hat. Wir arbeiten dann da*gegen*, indem wir eine angenehme KER schaffen. Hat sich also beispielsweise der Hund bisher immer angespannt und gestört gefühlt, wenn beim Essen jemand in seine Nähe, liebt er dies nach dem Konditionieren geradezu und freut sich darauf.

In der Praxis geht man folgendermaßen vor: Man präsentiert den Auslöser in ausreichend abgeschwächter Form (unterhalb der Reizschwelle) und lässt unmittelbar darauf einen starken, angenehmen Gegenkonditionierungs-Reiz folgen. Dies wird wiederholt, bis der Hund sichtbar freudig den Gegen-Stimulus erwartet, wenn der Auslöser präsentiert wird. Dann wird die Intensität des Auslösers gesteigert und die Prozedur wiederholt. Sollte der Hund an irgendeinem Punkt die ursprüngliche Reaktion auf den Auslöser zeigen, bedeutet dies, dass die Intensität des Auslösers die Reizschwelle des Hundes überschritten hat. Dann ist es wichtig, zu einer geringeren Intensität zurück zu gehen und sich schrittweise wieder hoch zu arbeiten.

Durch wiederholtes Präsentieren eines Auslösers, der über der Reizschwelle des Hundes liegt, würde man das alte, „knurrige“ Verhalten nur noch mehr einüben. Dies bietet keinerlei Vorteile, sondern kann sogar eine Verschlimmerung herbeiführen. Lesen Sie im Folgenden, wie man Desensibilisierung und Gegenkonditionierung (D&G) bei Ressourcenverteidigern anwendet.

Der Aufbau eines Trainingsplans

Sobald Sie herausgefunden haben, was der Hund verteidigt (Futter, Gegenstände, Orte, Besitzer usw.), planen Sie die Reihenfolge der durchzuführenden D&G-Übungen. Dazu befragen Sie den Besitzer und testen eventuell auch selbst, wie der Hund auf bestimmte Gegenstände reagiert. Machen Sie eine Liste von Objekten, die der Hund nicht verteidigt und eine von solchen, die er verteidigt. Am Anfang werden für das Training Gegenstände von der „Wird-nicht-verteidigt-Liste“ eingesetzt. So machen Sie den Hund mit dem Ablauf der Übungen vertraut, bleiben dabei aber garantiert unter seiner Reizschwelle. Wenn es möglich ist, unterteilen Sie die Gegenstände auf der „Wird-verteidigt-Liste“ in solche von niedrigem, mittlerem und hohem Wert für den Hund. Sobald Sie anfangen, richtig mit dem Hund zu arbeiten, müssen diese Listen sicher noch öfter überarbeitet werden.

Seien Sie gründlich und berücksichtigen Sie in der „Wird-verteidigt-Kategorie“ auch Dinge, denen der Hund bisher vielleicht noch nicht begegnet ist, die aber durchaus weit verbreitet sind. So könnte ein Hund Schweineohren und Tennisbälle verteidigen, während er Markknochen oder Plüschspielzeug noch gar nicht kennt. Es ist unmöglich, wirklich alles abzudecken. Ein Ziel der Therapie ist aber, eine generalisierte Reaktion zu erreichen. Das bedeutet, dass der Hund auch mit neuen Gegenständen und/oder in neuen Situationen verlässlich ist. Je mehr Bereiche Sie abdecken, desto näher werden Sie einer solchen gut generalisierten und doch so schwer zu erreichenden Reaktion kommen.

Ist die Beißhemmung des Hundes schlecht oder unbekannt, ergreifen Sie bei Ihren Tests Vorsichtsmaßnahmen. Da Sie für die späteren Übungen ohnehin eine Maulkorb-Desensibilisierung durchführen müssen, können Sie dies nun entweder gleich tun und im Anschluss daran die Tests mit wahrscheinlich verteidigten Gegenständen durchführen. Oder – wenn Sie lieber schon vor der Maulkorb-Desensibilisierung wissen wollen, welche Dinge der Hund verteidigt – Sie benutzen für die Tests Schutzhandschuhe oder eine künstliche Hand oder binden den Hund an.

Checklisten verschiedener Ressourcen

Nachfolgend finden Sie Checklisten mit Dingen, die häufig verteidigt werden und auf die Sie den Hund testen sollten:

Checkliste Futterverteidigung

- leerer Futternapf – zur Fütterungszeit und zu anderen Zeiten
- normales Trockenfutter
- Mischung aus Dosenfutter und Trockenfutter
- Dosenfutter
- im Training verwendete Leckerchen
- sehr hochwertige essbare Dinge
  (um Gestohlenes oder Leckerchen zu simulieren)
- gefüllte Kongs*
- Büffelhaut und Schweineohren
- Mark- und Fleischknochen
- alle vom Besitzer genannten essbaren Dinge,
  die der Hund verteidigt

---

* siehe Glossar

Checkliste Objektverteidigung

- Quietschspielzeuge
- Bälle
- Stöcke
- Plüschspielzeug
- Papiertaschentücher
- Büffelhaut und Schweineohren
- Mark- und Fleischknochen
- „verbotene“ Dinge, z. B. Kinderspielzeug, Wäsche, schmutzige Windeln usw.
- alle vom Besitzer genannten Gegenstände, die der Hund verteidigt

Checkliste Ortsverteidigung

- Körbchen, Bett(en) des Hundes
- Sitzmöbel wie Sofas, Sessel etc.
- Betten der Familienmitglieder
- Hunde-Transportbox
- Auto
- Lieblingsplätze und höhlenähnliche Orte (z. B. unter oder hinter Möbeln)
- alle vom Besitzer genannten Orte, die der Hund verteidigt

Weitere Faktoren

Die Art des Gegenstandes ist nicht der einzige Faktor, der die Reizintensität und damit den Schwierigkeitsgrad bestimmt. Die *Entfernung*, aus der man sich dem Hund nähert und der *Winkel der Annäherung* können ebenfalls eine Rolle spielen. Gerät man in den „Verteidigungsradius" des Hundes, fällt in der Regel sein Verteidigungsverhalten umso heftiger aus, je größer die Entfernung ist, aus der man sich ihm nähert.

Im Gegensatz hierzu steht das „Teilen" von Ressourcen (wie etwa das Festhalten eines Büffelhautknochens, während der Hund daran kaut). Wenn Sie selbst den Besitz nicht vollständig aufgeben, wird das Verteidigungsverhalten meist abgeschwächt sein. In schwerwiegenden Fällen ist es manchmal nötig, dass Sie sich zu Beginn des Trainings sehr dicht am Gegenstand befinden und der Hund in einem gewissen Abstand dazu angebunden ist. Sein Belohnungshäppchen für die Gegenkonditionierung werfen Sie ihm dann jedes Mal zu. Es kann sein, dass Sie nur bei bestimmten Gegenständen so verfahren müssen.

Die *Richtung*, aus der Sie sich dem Hund nähern, spielt bei manchen Hunden eine größere Rolle als bei anderen. Je nachdem, ob man sich ihnen von vorn, von der Seite oder von hinten nähert, fällt ihre Reaktion unterschiedlich heftig aus. Arbeiten Sie mit einem Hund, der auf diesen Faktor empfindlich reagiert, ist es wichtig, dies beim Erstellen Ihres Trainingsplans zu berücksichtigen. Auch wenn Sie durch die Veränderung anderer Faktoren keinen Fortschritt erzielen können, kann das Variieren der Annäherungsrichtung helfen.

Die meisten Hunde reagieren außerdem empfindlich auf Ihre *Orientierung* während der Annäherung. Das heißt, es macht einen Unterschied, ob Sie sich dem Hund frontal nähern und Augenkontakt herstellen oder ob Ihre Annäherung eher in einem Bogen erfolgt und Sie den Hund dabei nicht direkt ansehen. Auch das ist etwas, das bedacht werden muss und ein Faktor, mit dem man experimentieren kann.

Ebenfalls häufig von Bedeutung ist es, *wie lange* der Hund schon im Besitz der Ressource ist. In den meisten Fällen wird er sie eher verteidigen, wenn er schon etwas Zeit hatte, um sich richtig „auf sie einzuschießen".

Andererseits gibt es auch Hunde, die gerade solche Dinge besonders heftig verteidigen, die gerade erst in ihren Besitz gelangt sind. Später, wenn der Reiz des Neuen verflogen ist und das Interesse nachlässt, neigen sie weniger zum Verteidigen. Meist spielen hierbei neue Gegenstände eine Rolle.

Meins

Unser

Na gut - deins

Ein weiterer Faktor ist, *wer* sich nähert. Hunde nehmen feinste Unterschiede sehr genau wahr. Sie erkennen zum Beispiel rasch, wen man gefahrlos anspringen kann und wen besser nicht, wer für Gehorsam meistens eine Belohnung dabei hat etc. Hunde generalisieren von Natur aus nicht besonders gut. Reaktionen, die sie mit einer Person gelernt haben, werden nicht automatisch auf andere übertragen.

Für die Therapie der Ressourcenverteidigung benötigt man in der Regel ein halbes Dutzend oder mehr Personen, die die Übungen mit dem Hund machen. Erst dann kann man die konditionierte Reaktion mit fremden Menschen, die nicht an den Übungen beteiligt waren, beurteilen. Die Reaktionen verschiedenen Personengruppen gegenüber werden sich stärker voneinander unterscheiden, wenn der Hund auf eine bestimmte Kategorie von Menschen nicht gut *sozialisiert* ist. Fühlt sich ein Hund beispielsweise in der Gegenwart von Männern nicht besonders wohl, wird er bei Übungen mit Männern wahrscheinlich dramatische Rückschritte machen. In vielen Fällen, in denen Ressourcenverteidigung plötzlich wieder auftritt, liegt die Ursache in solchen zusätzlichen Faktoren.

Zu guter Letzt kann die Intensität des Reizes (und damit auch des Verteidigungsverhaltens) davon abhängen, wie *„aufgewärmt"* der Hund ist. Handelt es sich um den ersten Versuch der jeweiligen Übungseinheit oder üben Sie seit zwanzig Minuten und haben in dieser Zeit schon fünfzig Wiederholungen hinter sich? Sehr häufig werden Sie bei Wiederholungen innerhalb einer Übungseinheit eine Verbesserung erreichen, aber der dabei erreichte Fortschritt wird sich nicht auf einen spontanen Versuch übertragen lassen. Das ist wichtig zu wissen, denn selbst wenn der Hund im Training eine bestimmte Schwierigkeitsstufe zuverlässig meistert, kann es trotzdem passieren, dass er bei einer entsprechenden Situation im Alltag noch immer Verteidigungsverhalten zeigt. Der Grund hierfür ist, dass die neu erlernte Reaktion noch vom „Aufwärmen" abhängig ist. Normalerweise dauert es länger, bis ein Hund auch bei spontanen Tests zuverlässig reagiert. Dies ist aber kein unüberwindbares Hindernis, sondern lediglich ein weiterer Punkt, der abgehakt werden muss. Grundsätzlich gilt: Was er im „aufgewärmten" Zustand kann, kann er auch spontan; es ist lediglich eine Frage der Zeit, bis man dies erreicht.

Ergänzend zu den anfänglichen Tests mit den Gegenständen und dem Abklären der anderen besprochenen Faktoren müssen Sie unbedingt austesten, welche *Leckerchen* Sie für die Gegenkonditionierung einsetzen wollen. Es macht wenig Sinn, eine konditionierte emotionale Reaktion (KER) mit etwas aufbauen zu wollen, das der Hund nur mäßig gut findet. Der Hund hat vielleicht eine klare Beliebtheitsskala bei den unterschiedlichen Leckerchen, und es ist sehr nützlich, diese zu kennen. Würstchenscheiben z. B. sind vielleicht aufregend, könnten aber von Leberkeksen übertroffen werden – und diese wiederum von gewürfeltem Cheddarkäse. Wenn es keinen klaren Favoriten gibt, sondern der Hund mehr als eine Sorte Lieblings-Leckerchen hat, ist es klug, zwischen diesen Leckerchen abzuwechseln. So erhalten Sie einen gewissen „Reiz des Neuen“. Gibt es eine klare Beliebtheitsskala, heben Sie Sorten, die ganz oben rangieren, für die schwierigeren Aufgaben auf, z. B. für den Austausch gegen sehr hoch im Kurs stehende Objekte oder das Wegnehmen begehrteren Futters.

Ausführung von Übungen zur Desensibilisierung und Gegenkonditionierung (D&G)

Ich weiß nicht, wie oft ich schon gehört habe, eine spezielle Technik – operantes Konditionieren beispielsweise – habe in einem bestimmten Fall „nicht funktioniert“. Natürlich könnte es sein, dass die gewählte Technik nicht zur betreffenden Aufgabe gepasst hat. Als erstes sollte man jedoch Fehler in der Ausführung ausschließen. Mit anderen Worten: Jemand denkt vielleicht, er kommt mit „dem Verfahren X“ nicht weiter, aber in Wahrheit macht er bei der Ausführung gravierende Fehler. Würden diese behoben, wäre ein Fortschritt gewährleistet. Um bei der Desensibilisierung und Gegenkonditionierung ein gutes Ergebnis zu bekommen, ist es von äußerster Wichtigkeit, ihre Prinzipien zu verstehen und diese dann korrekt anzuwenden.

Vorbereitende Übungen

Damit die Konditionierung auf einer Ebene begonnen werden kann, die sicher unterhalb der Reizschwelle liegt, wird die erste Übung immer mit „Attrappen" durchgeführt oder außerhalb des Kontextes*. Das nennt man „den Hund mit den Spielregeln vertraut machen".

Nachfolgend einige Vorschläge für Vorbereitungsübungen in den verschiedenen Kategorien der Ressourcenverteidigung:

Kategorie	*mögliche Vorbereitungsübung*
Objekte	Tauschübungen mit wertlosen (nicht verteidigten) Objekten **oder** (wenn der Hund in zwanghafter Weise alles verteidigt) Tauschübungen mit den wertlosesten Objekten aus einer Entfernung, die keine Verteidigungsreaktion hervorruft (Hund angebunden)
Futter	„häppchenweise" füttern mit leerem Futternapf in der Nähe **oder** Annäherungen an leeren Futternapf, um kleine Häppchen zu füttern
Orte	Positionierungsübungen außerhalb des Kontextes* (zu Zeiten, an denen der Hund nicht daran interessiert ist, den Ort zu verteidigen) **oder** (wenn der Hund den Ort in zwanghafter Weise immer verteidigt) Positionierungsübungen mit Möbeln oder Gegenständen, die nicht verteidigt werden
Besitzer	Annäherungen an den Besitzer, dabei Hund in so großer Entfernung angebunden, dass keine Verteidigungsreaktion ausgelöst wird

* siehe Glossar

Das Ziel solcher Vorbereitungsübungen ist es, eine ***konditionierte emotionale Reaktion*** (KER) zu bekommen. Sie sollten auf jeden Fall dem Besitzer den Sinn dieser Basisarbeit erläutern. Erklären Sie ihm, dass Sie zu gegebener Zeit zu den Verteidigungs-Szenarios kommen werden. Anderenfalls meint er womöglich, Sie arbeiten nicht wirklich an dem Problem, und unterwandert diese unverzichtbare Vorbereitungsarbeit.

Die KER sieht bei jedem Hund anders aus. Meistens gehören dazu:

- „glücklicher" Gesichtsausdruck
- eifriges Untersuchen der Stelle, wo die Leckerchen gewöhnlich herkommen
- Schwanzwedeln oder andere Zeichen freudiger Erwartung.

Manche Trainer bezeichnen dies als „Yippie-Reaktion". Damit zeigt der Hund, dass er erkannt hat, dass gleich etwas Gutes kommt.

Machen Sie die erste Übung so lange, bis der Hund bei Annäherung, Austausch oder (bei Positionierungsübungen) dem Geben des Signals eine deutliche Yippie-Reaktion zeigt. In letzterem Fall wird die Yippie-Reaktion auftreten, während der Hund das Verhalten ausführt (d. h. zu der Stelle geht, auf die Sie gezeigt haben). Manchmal wirkt dies eifrig und fröhlich – ganz ähnlich, als wenn der Hund sein Lieblingskunststück zeigt und dafür ein Leckerchen bekommt.

Reihenfolge der Ereignisse bei der Klassischen Konditionierung

Ob eine solide KER etabliert oder überhaupt nichts erreicht wird, hängt sehr oft davon ab, wie sorgfältig der Trainer die richtige Reihenfolge der Ereignisse organisiert. Zur Erinnerung: Um in einem klassischen Konditionierungsverfahren zu erreichen, dass der Hund eine Erwartungshaltung zum ersten Ereignis entwickelt, muss dieses erste Ereignis zuverlässig voraussagen, dass das zweite Ereignis unmittelbar folgt. Diese Vorhersagekraft wird häufig durch bestimmte Fehler abgeschwächt.

Zum einen besteht das Risiko der zeitgleichen oder Rückwärts-Konditionierung. Zeitgleiche Konditionierung bedeutet, dass das zweite Ereignis gleichzeitig mit dem ersten stattfindet, so dass keine voraussagekräftige Beziehung entstehen kann. Rückwärts-Konditionierung bedeutet, dass die beiden Ereignisse in umgekehrter Reihenfolge erfolgen, so dass auch die voraussagende Beziehung umgekehrt ist. Hunde werden aufgeregt, wenn sie sehen, dass ihre Leine vom Haken genommen wird, weil der Spaziergang danach kommt. Würde der Spaziergang gleichzeitig mit oder vor dem Nehmen der Leine vom Haken beginnen, wäre das Erscheinen der Leine für den Hund kein brauchbarer Hinweis. Es würde ihm keinerlei Information darüber geben, wann ein Spaziergang bevorstünde.

Ähnlich gilt: Wenn die Ereignisse in einem Gegenkonditionierungsprozess auf die Annäherung an die Ressource nicht in der richtigen Reihenfolge ablaufen, dann findet überhaupt keine Konditionierung statt. Das erste Ereignis muss die Annäherung oder andere „Bedrohung" der Ressource sein (in späteren Übungen z.B. das Berühren oder Wegnehmen der Ressource oder das Berühren des Hundes, während er im Besitz der Ressource ist). Das zweite Ereignis ist die fürstliche Belohnung für den Hund und zugleich das Behaltendürfen oder Zurückerhalten der Ressource.

Bei einem Objekt-Austausch bedeutet das, dass die Annäherung bzw. das Berühren oder Wegnehmen des Objektes *vor* der Gabe des Leckerchens kommen muss. Ähnlich muss bei einer Futternapf-Übung die Annäherung, das Berühren oder Wegnehmen des Napfes *vor* dem Hinzufügen von Extras in den Napf erfolgen.

Zeigt der Trainer dem Hund das Leckerchen schon vor Beginn der Übung (um einer Verteidigungsreaktion vorzubeugen) oder wird generell die Reihenfolge der Ereignisse nachlässig gehandhabt, entsteht keine emotionale Reaktion – oder es entsteht zwar eine, aber diese bezieht sich auf etwas anderes als auf die Annäherung an den Futternapf und/oder die Wegnahme desselben.

Viele Leute gehen intuitiv davon aus, dass Tiere Verknüpfungen herstellen, wenn die Ereignisse zeitlich sehr nah beieinander liegen – und zwar unabhängig von ihrer genauen Reihenfolge. Aber diese Intuition täuscht. Schauen Sie sich die Gegenüberstellungen zwischen normalen, gleichzeitigen und rückwärts erfolgenden Ereignis-Paarungen auf den folgenden Seiten an (die Zeit läuft von links nach rechts):

Bildung einer KER auf Erscheinen der Leine*

Leine** → **Spaziergang** → **„Yippie!“

Zuerst erscheint die Leine, anschließend beginnt der Spaziergang:
***Eine KER** auf das Erscheinen der Leine wird gebildet.*

Versuch einer zeitgleichen Konditionierung

Leine
Spaziergang → ***Keine Reaktion auf Leine nach „Konditionierung“***

Die Leine erscheint zeitgleich mit dem Beginn des Spaziergangs:
***Keine KER** auf das Erscheinen der Leine wird gebildet.*

Versuch einer Rückwärts-Konditionierung

Spaziergang** → **Leine** → **Keine Reaktion auf Leine nach „Konditionierung“

Die Leine erscheint erst nach dem Beginn des Spaziergangs:
***Keine KER** auf das Erscheinen der Leine wird gebildet.*

---

* KER= Konditionierte Emotionale Reaktion

Bildung einer KER bei Objekt-Tausch*

Objekt wegnehmen → ***Leckerchen geben & Objekt zurückgeben*** → ***„Yippie!“***

Zuerst wird das Objekt weggenommen, anschließend bekommt der Hund ein Leckerchen und erhält das Objekt zurück:
Eine neue KER *auf das Wegnehmen des Objekts wird gebildet.*

Versuch einer zeitgleichen Konditionierung

Objekt wegnehmen, Leckerchen gleichzeitig → ***Verteidigungsverhalten bleibt nach „Konditionierung“***

Das Leckerchen erscheint zeitgleich mit dem Wegnehmen des Objekts (als „Bestechung“ oder Ablenkung):
Keine neue KER *auf das Wegnehmen des Objekts wird gebildet; das Verteidigungsverhalten bleibt bestehen.*

Versuch einer Rückwärts-Konditionierung

Leckerchen → ***Objekt wegnehmen*** → ***Verteidigungsverhalten bleibt nach „Konditionierung“***

Zuerst erscheint das Leckerchen als „Bestechung“ oder Ablenkung, anschließend wird das Objekt weggenommen:
Keine neue KER *auf das Wegnehmen des Objekts wird gebildet; das Verteidigungsverhalten bleibt bestehen.*

---

* KER= Konditionierte Emotionale Reaktion

Bildung einer KER* auf Annäherung an Napf

Annäherung an den Napf → ***Leckerchen oder Futter häppchenweise*** → ***„Yippie!"***

Zuerst nähert man sich dem Napf, anschließend bekommt der Hund ein Leckerchen oder wird häppchenweise gefüttert: ***Eine neue KER*** *auf die Annäherung an den Futternapf wird gebildet.*

Versuch einer zeitgleichen Konditionierung

Leckerchen während der Annäherung → ***Verteidigungsverhalten bleibt nach „Konditionierung"***

Dem Hund werden Leckerchen als „Bestechung" oder Ablenkung angeboten, während man sich dem Napf nähert: ***Keine neue KER*** *auf die Annäherung an den Napf wird gebildet; das Verteidigungsverhalten bleibt bestehen.*

Versuch einer Rückwärts-Konditionierung

Leckerchen → ***Annäherung*** → ***Verteidigungsverhalten bleibt nach „Konditionierung"***

Zuerst erscheint das Leckerchen als „Bestechung" oder Ablenkung, anschließend nähert man sich dem Napf: ***Keine neue KER*** *auf die Annäherung an den Napf wird gebildet; das Verteidigungsverhalten bleibt bestehen.*

* KER= Konditionierte Emotionale Reaktion

Ein weiterer Fehler, der leicht passiert, ist es, dass sich die KER auf einen anderen Reiz bezieht, der ebenfalls dem Aushändigen des Leckerchens vorausgeht, statt auf das beabsichtigte Element (d. h. die Annäherung, das Berühren oder Wegnehmen der Ressource). Beispielsweise könnte sich die KER auf die Übungssituation selbst beziehen. Wenn während der gesamten Übungseinheit die einzelnen Versuche allzu rasch aufeinander folgen und keine Pausen dazwischen liegen, kann der Hund eine KER entwickeln, die sich hauptsächlich oder ausschließlich auf die Übungssituation und/oder auf den Trainer bezieht. Folgen die einzelnen Versuche in vorhersehbaren Abständen aufeinander, können diese Zeitabstände sogar die Annäherung überlagern. Der Hund lernt in etwa folgende Regel: „Leckerchen kommen alle acht Sekunden" und schenkt der Annäherung oder dem Objekttausch, die dem Leckerchen vorausgehen, keine Aufmerksamkeit.

Und schließlich: Bestimmte Dinge können eine Konditionierung der gewünschten Reaktion verhindern, wenn sie gleichzeitig mit der Annäherung, Berührung oder dem Wegnehmen der Ressource stattfinden. Dies gilt insbesondere für solche Dinge, die der Hund schon als sicheres Anzeichen für „etwas Gutes" kennen gelernt hat (z. B. der Geruch der Leckerchen, das Knistern der Leckerchentüte oder der Griff zur Leckerchentasche). Diese bereits bekannten Dinge besitzen für den Hund natürlich die bessere Vorhersagekraft. Daher lohnt sich der Aufwand unbedingt, sie ganz sicher auszuschließen. Das Ziel des Trainings ist es, einer vorhandenen – unerwünschten – Reaktion auf Annäherung, Berührung oder Wegnahme einer Ressource entgegenzuwirken. Deswegen ist es äußerst wichtig, dass die neue KER sich auch auf genau diese Ereignisse bezieht und auf nichts anderes.

Wenn Sie sich die richtige Reihenfolge der Ereignisse überlegt haben, sollten Sie auch dafür sorgen, dass nicht *Sie selbst* und die allgemeine Übungssituation zur Ankündigung für „etwas Gutes" werden. Dies können Sie gut erreichen, indem Sie sich einfach mit dem Hund einige Zeit am Trainingsort aufhalten, ohne jedoch irgendwelche Übungen zu machen. Tragen Sie die Trainingsleckerchen wie sonst bei sich (geben Sie ihm aber keine!). Auf diese Weise macht der Hund die Erfahrung, dass er nicht automatisch Leckerchen von Ihnen bekommt, nur weil Sie welche dabei haben. Dies können Sie (sozusagen als „Leerlauf") in Ihre Übungen einbauen oder auch zu anderen Zeiten durchführen.

Worauf es ankommt ist, dass die einzige zuverlässige Ankündigung, dass gleich köstliche Leckerchen kommen, die Annäherung an die Ressource (oder deren Berührung oder Fortnahme) ist.

Vorhersagbarkeit

Ein weiterer Faktor, der die Stärke der Konditionierung beeinflusst, ist der enge Zusammenhang zwischen den Leckerchen und dem Wegnehmen der Ressource (bzw. Annäherung oder Berührung). Werden die Übungen manchmal ohne Leckerchen ausgeführt oder die Leckerchen manchmal außerhalb des Trainings gegeben, ist der Zusammenhang zwischen beidem nicht so eng. Dadurch wird die Stärke der gebildeten KER gefährdet. Lassen Sie sich aus diesem Grund *niemals* dazu verleiten, aus Bequemlichkeit die Übungen mit weniger beliebten Leckerchen durchzuführen. Benutzen Sie die für die Desensibilisierungs- und Gegenkonditionierungs-Übungen verwendeten Leckerchen auch nicht für andere Übungen, die Sie vielleicht mit dem Hund machen, oder einfach für zwischendurch. Diese besonderen Leckerchen sollten ausschließlich für ihren speziellen Zweck reserviert bleiben.

Muster-Trainingspläne

Grundsätzliches zu den Trainingsplänen

Die folgenden Pläne sind als Beispiele gedacht. Jeder Fall ist etwas anders, und vermutlich werden Sie einige Abschnitte spielend meistern, während Sie bei anderen stecken bleiben. Dieses Steckenbleiben ist darauf zurückzuführen, dass der Hund wieder sein altes Verteidigungsverhalten zeigt. Wenn dies passiert, müssen Sie zu dem Schritt zurückgehen, bei dem Sie zuletzt Erfolg hatten. Überlegen Sie sich dann Zwischenschritte zwischen diesem und dem problematischen Schritt. Dabei werden häufig folgende bereits erwähnte Faktoren eine Rolle spielen:

- Entfernung zwischen Hund, Ressource und Trainer
- wie lange der Hund bereits im Besitz der Ressource ist
- die Richtung, aus der Sie sich annähern
- Ihre Orientierung während des Näherkommens
- wie „aufgewärmt“ der Hund ist

Gehen Sie jeweils nur dann zum nächsten Schritt weiter, wenn es beim aktuellen Schritt absolut keine Anzeichen für ein Verteidigungsverhalten gibt. Der Hund fühlt sich wohl und zeigt bei jedem Versuch (spontane Tests eingeschlossen, wenn anwendbar) seine typische „Yippie-Reaktion". Man könnte dies so bezeichnen: „Man bewegt sich auf dickem Eis" (statt auf dünnem). Manchmal sind dazu einige wenige Versuche ausreichend; manchmal benötigt man vielleicht sehr viele Wiederholungen oder muss sogar Zwischenschritte einbauen, weil eine Verteidigungsreaktion auftritt.

Anders als beim operanten Konditionieren sind für das Desensibilisieren bei Ressourcenverteidigern längere Übungseinheiten meist produktiver. Machen Sie diese *mindestens dreißig Minuten* lang, und bringen Sie darin so viele Versuche unter, wie es mit den nötigen Pausen möglich ist. Die Pausen dienen, wie schon besprochen, dazu, dass nicht Sie selbst samt Ihrer Leckerchen mit konditioniert werden. Für Futterverteidiger gilt: Wenn Sie die Stufe erreicht haben, auf der der Hund tatsächlich Futter verzehrt, wird die Dauer der Übungseinheit durch die Zeit bestimmt, die der Hund braucht, um seine Ration aufzufressen. Manchmal kann es hilfreich sein, „Hindernisse" in den Futternapf zu legen (z. B. Tennisbälle, Steine o. ä.), damit der Hund langsamer frisst und man dadurch mehr Wiederholungen in einer Übungseinheit machen kann.

Sicherlich werden auf jeder Stufe einige Wiederholungen nötig sein, bis Sie eine deutliche „Yippie-Reaktion" sehen; auf manchen Stufen braucht man dafür sogar mehr als nur eine Übungseinheit. Gehen Sie niemals zum nächsten Schritt weiter, bevor der Hund auf der aktuellen Stufe gut konditioniert ist – also ein deutliches „Yippie!" und keine Anzeichen für eine Verteidigungsreaktion zeigt.

Trainingsplan für Futternapf-Verteidiger

Stufe Eins: *Leerer Futternapf*

Wenn der Hund den leeren Futternapf verteidigt, beginnen Sie zunächst damit, dass Sie sich dem Futternapf bis auf etwa drei Meter nähern und dann Futter in Richtung Napf werfen. Verringern Sie Ihren Abstand um ca. einen Meter, wenn dieser Schritt erfolgreich verläuft. Verteidigt der Hund keinen leeren Futternapf, beginnen Sie mit Schritt 1. Verteidigt der Hund den leeren Futternapf unabhängig von Ihrer Entfernung, fangen Sie das Training mit einem neuen Napf an. Beginnen Sie an einem anderen Ort als dem üblichen Futterplatz des Hundes und außerhalb seiner normalen Fütterungszeit.

Wenn die Beißhemmung des Hundes nicht bekannt ist, binden Sie den Hund während der Übungen an und tragen Sie Schutzhandschuhe, bis Sie den Trainingsplan komplett durchgearbeitet haben. Anschließend beginnen Sie noch einmal von vorn, dieses Mal ohne Anbinden und Handschuhe.

Schritt 1: Nähern Sie sich dem Hund und seinem leeren Napf aus einer Entfernung von ca. zwei Metern, lassen Sie Leckerchen in den Napf fallen, gehen Sie weg und wiederholen Sie das Ganze. Nähern Sie sich aus unterschiedlichen Richtungen, variieren Sie den Zeitabstand zwischen den einzelnen Annäherungen und bauen Sie hin und wieder eine längere Pause ein, in der Sie anwesend sind, es aber weder Annäherungen noch Leckerchen gibt.

Schritt 2: Nähern Sie sich aus einer Entfernung von ca. drei Metern, lassen Sie in den leeren Napf Leckerchen fallen und gehen Sie wieder weg. Nähern Sie sich dem Napf aus unterschiedlichen Richtungen usw.

Schritt 3: Nähern Sie sich aus einer Entfernung von ca. sechs Metern, lassen Sie Leckerchen in den leeren Napf fallen, gehen Sie weg usw.

Schritt 4: Nähern Sie sich aus einer Entfernung von ca. drei Metern und beugen Sie sich ab der Hälfte dieser Strecke vor, als wollten Sie den Napf aufheben. Lassen Sie Leckerchen hinein fallen und gehen Sie weg.

Schritt 5: Nähern Sie sich aus einer Entfernung von ca. drei Metern und beugen Sie sich dabei die ganze Zeit vor, als wollten Sie den Napf aufheben. Bringen Sie die Hand, in der Sie die Leckerchen halten, bis ungefähr 2-3 cm an den Napf heran, lassen Sie die Leckerchen hinein fallen und gehen Sie dann weg.

Schritt 6: Nähern Sie sich aus einer Entfernung von ca. drei Metern, beugen Sie sich vor, als wollten Sie mit der Leckerchenhand den Napf aufheben, verharren Sie zwei Sekunden lang, lassen Sie dann Leckerchen in den Napf fallen und gehen Sie wieder weg.

Schritt 7: Trainieren Sie Annäherungen aus unterschiedlichen Entfernungen und Richtungen. Warten Sie zwei Sekunden, bevor Sie Leckerchen in den Napf fallen lassen.

Schritt 8: Nähern Sie sich aus einer Entfernung von ca. drei Metern, greifen Sie zum Napf, heben Sie ihn aber nicht wirklich auf. Legen Sie dann mit der anderen Hand Leckerchen hinein.

Schritt 9: Nähern Sie sich aus einer Entfernung von ca. drei Metern, greifen Sie zum Napf und berühren Sie ihn eine Sekunde lang, dann legen Sie mit der anderen Hand Leckerchen hinein.

Schritt 10: Nähern Sie sich aus einer Entfernung von ca. drei Metern, berühren Sie den Napf drei Sekunden lang, dann lassen Sie aus der anderen Hand Leckerchen hinein fallen.

Schritt 11: Nähern Sie sich aus einer Entfernung von ca. drei Metern, berühren Sie den Napf fünf Sekunden lang, dann legen Sie mit der anderen Hand Leckerchen hinein.

Schritt 12: Nähern Sie sich aus einer Entfernung von ca. drei Metern, berühren Sie den Napf zehn Sekunden lang, dann legen Sie mit der anderen Hand Leckerchen hinein.

Schritt 13: Nähern Sie sich aus einer Entfernung von ca. drei Metern, berühren Sie den Napf zwanzig Sekunden lang, dann legen Sie mit der anderen Hand Leckerchen hinein.

Schritt 14: Nähern Sie sich aus einer Entfernung von ca. drei Metern, berühren Sie den Napf dreißig Sekunden lang, dann legen Sie mit der anderen Hand Leckerchen hinein.

Schritt 15: Probieren Sie Annäherungen aus unterschiedlichen Entfernungen und Richtungen mit dreißigsekündigem Berühren des Napfes und anschließendem Hineinlegen von Leckerchen mit der anderen Hand.

Schritt 16: Nähern Sie sich dem Napf, nehmen Sie ihn und bewegen Sie ihn zwei Sekunden lang umher, dann legen Sie mit der anderen Hand Leckerchen hinein.

Schritt 17: Nähern Sie sich dem Napf, nehmen Sie ihn und bewegen Sie ihn fünf Sekunden lang umher, dann legen Sie mit der anderen Hand Leckerchen hinein.

Schritt 18: Nähern Sie sich dem Napf, nehmen Sie ihn und bewegen Sie ihn zehn Sekunden lang umher, dann legen Sie mit der anderen Hand Leckerchen hinein.

Schritt 19: Gehen Sie zum leeren Napf und heben Sie ihn bis auf Taillenhöhe hoch, legen Sie Leckerchen hinein und stellen Sie den Napf zurück.

Schritt 20: Gehen Sie zum leeren Napf, nehmen Sie ihn auf, stellen Sie ihn auf einen Küchentresen oder Tisch, legen dort Leckerchen hinein und bringen den Napf zurück.

Wenn Ihr Hund keine Probleme mit körperlichen Berührungen hat, fahren Sie mit Schritt 21 fort. Liegen solche Probleme vor, müssen Sie zunächst systematisch an diesen arbeiten, bevor Sie zu Schritt 21 weiter gehen.

Schritt 21: Nähern Sie sich dem Hund, tätscheln Sie ihm eine Sekunde lang den Rücken und legen Sie dann mit der anderen Hand Leckerchen in den Napf.

Schritt 22: Nähern Sie sich dem Hund, tätscheln Sie ihm drei Sekunden lang den Rücken und legen Sie dann mit der anderen Hand Leckerchen in den Napf.

Schritt 23: Nähern Sie sich dem Hund, tätscheln Sie ihm fünf Sekunden lang den Rücken und legen Sie dann mit der anderen Hand Leckerchen in den Napf.

Schritt 24: Nähern Sie sich dem Hund, tätscheln Sie ihm ein bis zwei Sekunden lang den Rücken, nehmen Sie den Napf weg, legen Sie Leckerchen hinein und stellen Sie ihn zurück.

Schritt 25: Trainieren Sie mit wechselnden Entfernungen und Richtungen der Annäherung.

Stufe Zwei: Wiederholen Sie die Schritte 1-25 mit Trockenfutter im Napf. Denken Sie daran, bei Ihrer Annäherung etwas Schmackhafteres als Trockenfutter in den Napf zu tun.

Stufe Drei: Wiederholen Sie die Schritte 1-25; dieses Mal mit einer Mischung aus ca. 50% Trocken- und 50% Dosenfutter statt mit reinem Trockenfutter. Denken Sie daran, bei Ihrer Annäherung etwas Schmackhafteres in den Napf zu tun.

Stufe Vier: Wiederholen Sie die Schritte 1-25; dieses Mal mit Dosenfutter statt mit der Trockenfutter-Dosenfutter-Mischung. Denken Sie daran, bei Ihrer Annäherung etwas Schmackhafteres in den Napf zu tun.

Stufe Fünf: Wiederholen Sie die Schritte 1-25; dieses Mal mit einem tiefgefrorenen Braten oder Hühnchen* im Napf. Gibt es nichts, was der Hund lieber mag als tiefgefrorenen Braten oder Hühnchen, nähern Sie sich und geben ihm dann die leckersten Stückchen von einem anderen Hühnchen oder Braten, die Sie schon vor der Übung vorbereitet haben. Vielleicht können Sie das tiefgefrorene Fleisch auch mit aufgetautem Hühnchen oder Braten mit Bratensaft übertreffen.

Der erzielte Therapieerfolg wird durch gelegentliche Stichproben aufrechterhalten. Diese bestehen darin, dass Sie den Napf berühren oder wegnehmen, um etwas besonders Leckeres hinein zu tun. Sollte dabei jemals das geringste Anzeichen einer Verteidigungsreaktion auftreten, sollte diesem sofort mit entsprechenden Auffrischungsübungen begegnet werden. Ich gehe später noch ausführlicher darauf ein, wie man das Erreichte aufrecht erhält und mit Rückfällen umgeht (s. S. 118 ff).

---

* Der Sinn des tiefgefrorenen Fleisches ist, dass dadurch der Hund nicht so leicht Stücke davon abbeißen und fressen kann. Der Braten muss so groß sein, dass er vom Hund keinesfalls am Stück verschlungen werden kann.

Trainingsplan für Objektverteidiger

Hunde, die Gegenstände verteidigen, sind etwas schwieriger als Hunde, die ausschließlich ihren Futternapf verteidigen, denn meist gibt es hier mehr Situationen, in denen Verteidigungsverhalten auftritt und man muss mehr Objekte berücksichtigen.

So geht man vor:

Wenn der Hund fast zwanghaft *jeden* Gegenstand verteidigt, binden Sie ihn an, um dann im Abstand von ca. drei Metern den Austausch mit den am wenigsten attraktiven Objekten zu üben. Dabei werfen Sie ihm ein Leckerchen zu*, nachdem Sie den vor Ihren Füßen liegenden Gegenstand aufgehoben haben. Gibt es Gegenstände, die nicht verteidigt werden, fangen Sie mit Schritt 1 an.

* Das Werfen sollte möglichst natürlich aussehen. Reagiert der Hund stark auf Ihre Armbewegung, vergrößern Sie Ihren Abstand zum Hund.

Bei unbekannter Beißhemmung desensibilisieren Sie den Hund gegen das Tragen eines Maulkorbs, bevor Sie mit verteidigten Objekten zu üben beginnen. Sobald der Hund das komplette Trainingsprogramm erfolgreich mit Maulkorb bewältigt hat, fangen Sie noch einmal von vorn an, dieses Mal ohne Maulkorb. Alternativ können Sie den Hund beim ersten Durcharbeiten des Trainingsplans auch anbinden.

Bleibt der Hund nicht neben neutralen Gegenständen (er geht weg und ist dann nicht mehr nah genug, um einen „Besitz" zu simulieren), binden Sie ihn an. Wenn er sich damit wohl fühlt, können Sie ihn auch in ein Platz-Bleib legen. Wurde ihm dies jedoch unter Verwendung von aversiven Maßnahmen beigebracht oder führt er es nicht zuverlässig aus, binden Sie den Hund lieber an. So kann Zwischenfällen vorgebeugt werden. Außerdem kommt es auf diese Weise nicht zu falschen Negativ-Ergebnissen durch eine Verknüpfung der Platz-Bleib-Übung mit unangenehmen Korrekturen (dadurch „traut" sich der Hund u. U. nicht, zu verteidigen, was zu folgenschweren Fehleinschätzungen führen könnte – Anm. d. Übers.).

Schritt 1: Nähern Sie sich dem Hund und einem Gegenstand, den er nicht verteidigt, aus einer Entfernung von ca. zwei Metern. Nehmen Sie den Gegenstand an sich, geben Sie dem Hund mit der anderen Hand ein Leckerchen (das Sie bis dahin hinter dem Rücken oder in einer Tasche tragen), geben Sie ihm dann den Gegenstand zurück, gehen Sie vom Hund weg und wiederholen Sie das Ganze. Nähern Sie sich aus unterschiedlichen Richtungen, variieren Sie die Zeitabstände, die zwischen den einzelnen Annäherungen liegen und bauen Sie ab und zu längere Pausen ein, in denen Sie anwesend sind, es aber keine Annäherungen und keine Leckerchen gibt.

Schritt 2: Annäherung aus einer Entfernung von ca. drei Metern, Rest wie in Schritt 1.

Schritt 3: Annäherung aus einer Entfernung von ca. sechs Metern, Rest wie in Schritt 1.

Wenn der Hund keine Probleme mit körperlichen Berührungen hat, gehen Sie weiter zu Schritt 4. Hat er solche Probleme, arbeiten Sie zuerst an diesen, bevor Sie mit Schritt 4 weitermachen.

Schritt 4: Nähern Sie sich dem Hund aus einer Entfernung von ca. drei Metern, tätscheln Sie ihm eine bis zwei Sekunden lang den Rücken, nehmen Sie dann den Gegenstand weg usw. (wie in Schritt 1).

Schritt 5: Annäherung aus einer Entfernung von ca. drei Metern, Rückentätscheln für fünf Sekunden; Gegenstand wegnehmen; Rest wie in Schritt 1.

Schritt 6: Wenn Sie die bisherigen Schritte gemacht haben, ohne den Hund anzubinden, binden Sie ihn jetzt an und setzen Sie sich etwa einen Meter außerhalb seiner Reichweite hin. Üben Sie zum „Warmwerden" den Tausch ein paar Mal mit Gegenständen, die der Hund nicht verteidigt. Dabei sollte sich der Gegenstand immer in Ihrer Nähe und ca. einen Meter außerhalb der Reichweite des Hundes befinden. Anschließend wiederholen Sie den gleichen Tausch mit dem Gegenstand, der auf Ihrer „Wird-Verteidigt-Liste" den geringsten Wert für den Hund hat.

Sollte der Hund hierbei eine Verteidigungsreaktion zeigen, führen Sie Schritt 6 zunächst mit einer größeren Entfernung zum Hund durch (ca. zwei bis drei Meter). Wählen Sie den Abstand so groß wie nötig, um das Objekt „austauschen" zu können, ohne dass der Hund angespannt ist. Verringern Sie dann allmählich den Abstand wieder, bis Sie in einer Entfernung von etwa einem Meter zum Hund erfolgreich den „Objekttausch" durchführen können.

Schritt 7: Halten Sie dem Hund den bei Schritt 6 verwendeten Gegenstand hin, ohne diesen loszulassen. Sobald der Hund ihn mit dem Fang berührt, nehmen Sie ihn ruhig zurück, loben den Hund, geben ihm ein sehr schmackhaftes Leckerchen und wiederholen das Ganze.

Schritt 8: Geben Sie dem Hund denselben Gegenstand, lassen Sie diesen für eine halbe Sekunde los, nehmen Sie ihn dann dem Hund wieder ab, loben Sie den Hund in den höchsten Tönen, geben Sie ihm ein Leckerchen und wiederholen Sie das Ganze.

Schritt 9: Geben Sie dem Hund denselben Gegenstand, lassen Sie ihn für eine bis zwei Sekunden los, nehmen Sie ihn dann wieder an sich; Rest wie in Schritt 8.

Schritt 10: Geben Sie dem Hund denselben Gegenstand, lassen Sie ihn für fünf Sekunden los; Rest wie in Schritt 8.

Schritt 11: Geben Sie dem Hund denselben Gegenstand, lassen Sie ihn für zehn Sekunden los, Rest wie in Schritt 8.

Schritt 12: Geben Sie dem Hund denselben Gegenstand, richten Sie sich auf, gehen Sie für eine Sekunde ca. zwei Meter weit von ihm weg*, nähern Sie sich dann wieder, beugen Sie sich vor, nehmen Sie dem Hund den Gegenstand wieder ab; Rest wie in Schritt 8.

Kommt es bei diesem Schritt plötzlich zu einer Verteidigungsreaktion, machen Sie zunächst Übungen wie in Schritt 12, in denen Sie sich zwar kurz aufrichten, sich dann aber sofort wieder vornüberbeugen und den Gegenstand wegnehmen, ohne sich zwischendurch vom Hund zu entfernen.

Schritt 13: Geben Sie dem Hund denselben Gegenstand, gehen Sie für eine Sekunde ca. drei Meter weit von ihm weg, nähern Sie sich dann wieder; Rest wie in Schritt 12.

Schritt 14: Geben Sie dem Hund denselben Gegenstand, gehen Sie für eine Sekunde ca. sechs Meter weit von ihm weg, nähern Sie sich dann wieder; Rest wie in Schritt 12.

---

* Das Weggehen sollte so natürlich wie möglich aussehen – d. h. drehen Sie sich um und gehen dann weg (nicht rückwärts weggehen).

Schritt 15: Geben Sie dem Hund denselben Gegenstand, gehen Sie für fünf Sekunden ca. zwei Meter weit von ihm weg, nähern Sie sich dann wieder usw.

Schritt 16: Geben Sie dem Hund denselben Gegenstand, gehen Sie für zehn Sekunden ca. zwei Meter weit von ihm weg, nähern Sie sich dann wieder usw.

Schritt 17: Geben Sie dem Hund denselben Gegenstand, gehen Sie für zwanzig Sekunden ca. zwei Meter weit von ihm weg, nähern Sie sich dann wieder usw.

Schritt 18: Geben Sie dem Hund denselben Gegenstand, gehen Sie für dreißig Sekunden ca. zwei Meter weit von ihm weg, nähern Sie sich dann wieder usw.

Schritt 19: Geben Sie dem Hund denselben Gegenstand, gehen Sie für fünf Sekunden ca. drei Meter weit von ihm weg, nähern Sie sich dann wieder usw.

Schritt 20: Geben Sie dem Hund denselben Gegenstand, gehen Sie für zehn Sekunden ca. drei Meter weit von ihm weg, nähern Sie sich dann wieder usw.

Schritt 21: Geben Sie dem Hund denselben Gegenstand, gehen Sie für zwanzig Sekunden ca. drei Meter weit von ihm weg, nähern Sie sich dann wieder usw.

Schritt 22: Geben Sie dem Hund denselben Gegenstand, gehen Sie für dreißig Sekunden ca. drei Meter weit von ihm weg, nähern Sie sich dann wieder usw.

Schritt 23: Geben Sie dem Hund denselben Gegenstand, gehen Sie für zehn Sekunden ca. sechs Meter weit von ihm weg, nähern Sie sich dann wieder usw.

Schritt 24: Geben Sie dem Hund denselben Gegenstand, gehen Sie für zwanzig Sekunden ca. sechs Meter weit von ihm weg, nähern Sie sich dann wieder usw.

Schritt 25:	Geben Sie dem Hund denselben Gegenstand, gehen Sie für dreißig Sekunden ca. sechs Meter weit von ihm weg, nähern Sie sich dann wieder usw.
Schritt 26:	Geben Sie dem Hund denselben Gegenstand, verlassen Sie für zehn Sekunden den Raum, nähern Sie sich dann wieder usw.
Schritt 27:	Geben Sie dem Hund denselben Gegenstand, verlassen Sie für dreißig Sekunden den Raum, nähern Sie sich dann wieder usw.
Schritt 28:	Legen Sie denselben Gegenstand in den Raum und warten Sie, bis der Hund ihn sich nimmt. Sobald er dies tut, nähern Sie sich usw.
Schritt 29:	Legen Sie denselben Gegenstand in den Raum und warten Sie, bis der Hund ihn sich nimmt. Nach weiteren dreißig Sekunden nähern Sie sich usw.
Schritt 30:	Legen Sie denselben Gegenstand in den Raum und warten Sie, bis der Hund ihn sich nimmt. Lassen Sie eine bis zwei Minuten verstreichen, dann nähern Sie sich usw.
Stufe Zwei:	Wiederholen Sie den Trainingsplan, beginnend mit Schritt 6, mit allen verteidigten Gegenständen, die für den Hund von ähnlich geringem Wert sind. Auf dieser Stufe können Sie eventuell die Gegenstände innerhalb einer Übungseinheit wechseln. Sollte sich dies jedoch als problematisch erweisen, bleiben Sie für den Moment bei ein und demselben Gegenstand.
	Bitte beachten Sie: Werden *alle* Gegenstände gleich heftig verteidigt, fangen Sie auf Stufe Zwei mit einem anderen Gegenstand erneut mit den Vorbereitungen für Schritt 1 (und *nicht*, wie sonst, mit Schritt 6!) an.
Stufe Drei:	Wiederholen Sie den Trainingsplan, beginnend mit Schritt 6, mit allen Gegenständen, die ernsthaft verteidigt werden.

Stufe Vier: Wiederholen Sie den Trainingsplan, beginnend mit Schritt 6, mit neuen, hoch im Kurs stehenden Gegenständen.

Stufe Fünf: Wiederholen Sie den Trainingsplan, beginnend mit Schritt 6, ohne Maulkorb bzw. Anbinden nacheinander mit Gegenständen, die kaum, mäßig und ernsthaft verteidigt werden sowie mit neuen Objekten.

An diesem Punkt können Sie dazu übergehen, nur noch stichprobenartig den Hund zu testen, wenn er bereits eine Weile im Besitz des jeweiligen Gegenstands ist. Geben Sie ihm jedes Mal eine leckere Überraschung, bevor Sie ihm den Gegenstand zurückgeben. Wenn Sie ihm jemals etwas wegnehmen müssen, das sie ihm nicht zurückgeben wollen, sorgen Sie für eine außergewöhnlich gute Belohnung und tauschen dann den verbotenen Gegenstand gegen etwas aus, das er haben darf.

Passiert Ihnen dies, wenn Sie gerade keine guten Leckerchen zur Hand haben (zum Beispiel auf einem Spaziergang), geraten Sie nicht allzu sehr in Panik. Überschütten Sie den Hund mit Lob und machen Sie bei nächster Gelegenheit ein paar „Tauschhandel", die sich für ihn lohnen. Sollte bei den Stichproben jemals auch nur der Hauch einer Verteidigungsreaktion auftreten, sollten sofort gezielte Übungen gemacht werden. Ich werde später noch ausführlicher darauf eingehen, wie man den Trainingserfolg aufrecht erhält und mit Rückfällen umgeht (s. S. 118 ff).

Sie werden beim Durcharbeiten solcher Trainingspläne an schwierigen Stellen oftmals Zwischenschritte einbauen müssen; zum Beispiel, wenn Sie zum ersten Mal einen Gegenstand ganz loslassen oder wenn Sie sich zum ersten Mal nach einer längeren Pause dem Hund aus größerer Entfernung nähern. Dies sind echte Meilensteine. Außerdem kann jeder Trainingsplan nur ein Entwurf sein. Beim Durcharbeiten wird er dem jeweiligen Hund durch das Einfügen von Zwischenschritten individuell angepasst.

Vielleicht bemerken Sie im Verlauf der Übungen, dass Fortschritte immer schneller eintreten und Sie dadurch bei einem erfahreneren Hund die Anforderungen früher erhöhen können.

Bei den hier aufgeführten Muster-Trainingsplänen ist Ihnen vielleicht die Art und Weise aufgefallen, wie neue Kriterien eingeführt werden: Wenn eine Anforderung erhöht wird, wird dafür eine andere gesenkt. Wenn z. B. die ersten Berührungen des Hunderückens eingeführt werden, dann wird dafür die Entfernung, aus der sich der Trainer nähert, verringert. Beim Wechsel zu einem heikleren Gegenstand wird der Trainingsplan wieder mit dem einfachsten Schritt begonnen. Diese Vorgehensweise wird Ihnen vertraut sein, wenn Sie schon einmal mit Shaping* gearbeitet haben.

Trainingsplan für Ortsverteidiger

Der Trainingsplan in diesem Kapitel besteht im Grunde eher aus einer Aneinanderreihung von operanten Konditionierungsübungen. Damit wird ein Hund therapiert, der Sofas, Betten und/oder andere Möbelstücke verteidigt. Bei diesen Übungen wird der Hund so häufig verstärkt, dass als Nebenprodukt dieser Verstärkung eine klassische Gegenkonditionierung erfolgt. Auch Hunde, die das Auto oder ihre Transportbox bewachen, können sehr von den Positionierungsübungen dieses Kapitels profitieren. Auch die parallel zu den Übungen gegen Futter- und Objektverteidigung laufende Desensibilisierung und Gegenkonditionierung (D&G) kann für solche Hunde sehr nützlich sein.

* siehe Glossar

Folgende Faktoren müssen bei dieser D&G beachtet werden:

- wie lange der Hund schon in der Transportbox oder im Auto ist
- die Richtung, aus der die Annäherung erfolgt
- die Orientierung während der Annäherung
- aus welcher Entfernung man sich annähert
- ob noch weitere Ressourcen anwesend sind
- wie aufgewärmt der Hund in der Übungseinheit schon ist
- wie dicht man an ihn heran geht
- ob Körperkontakt stattfindet oder nicht

Bei der Aggression in der Transportbox oder dem Auto kommt zusätzlich zur Ressourcenverteidigung möglicherweise noch eine „Barrierenfrustration*" hinzu. Diese muss man berücksichtigen, wenn man in diesen Übungen Fortschritte erzielen will.

Vorbereitendes Target-Training

Bringen Sie Ihrem Hund bei, ein Target zu berühren (dies kann beispielsweise Ihre offene Handfläche sein). Dies gibt Ihnen eine gute Möglichkeit, außerhalb der problematischen Situation mit Positionierungsübungen zu beginnen. Sobald der Hund das still gehaltene Target zuverlässig berührt, bringen Sie ihm bei, diesem auch zu folgen, um es zu berühren.

Besonders leicht kann man dies trainieren, wenn der Hund bereits auf den Clicker konditioniert ist. Die Konditionierung auf den Clicker ist eine Form der klassischen Konditionierung. Anschließend wird das Click-Geräusch zu einem sekundären Verstärker* weiter entwickelt, den Sie dann im operanten Konditionieren* einsetzen können.

Die beiden Ereignisse, die Sie in diesem Fall koppeln, sind:

1. das Geräusch des Clickers,

    gefolgt von

2. einem schmackhaften Leckerchen.

---

* siehe Glossar

Haben Sie dies oft genug wiederholt, können Sie den Clicker benutzen, um erwünschtes Verhalten zu bestärken. Lassen Sie dem Click-Geräusch *immer* ein Leckerchen folgen, denn hier haben wir es mit einer *klassischen* Konditionierung zu tun – nicht zu verwechseln mit den verschiedenen Möglichkeiten der variablen Verstärkung, wie sie beim *operanten* Konditionieren eingesetzt werden. Dabei wird ein Verhalten nicht unbedingt jedes Mal belohnt (und daher auch nicht jedes Mal geclickt).

Die Vorteile des Trainings mit dem Clickers sind inzwischen weithin bekannt. Unter anderem sind dies:

- eine erhebliche Verbesserung des Timings* bei der Bestärkung
- die Möglichkeit, den Hund auch auf Entfernung zu bestärken
- die Möglichkeit, das Click-Geräusch mit mehreren Primärverstärkern koppeln zu können

Nähere Informationen über das Clickertraining finden Sie beispielsweise in Birgit Lasers Buch *„Clickertraining"* oder Karen Pryors Buch *„Positiv bestärken, sanft erziehen"*.

Sobald der Hund auf den Clicker konditioniert ist, setzen Sie sich mit ihm und einer großen Portion Leckerchen hin. Zeigen Sie dem Hund Ihre offene Hand. Wenn er diese auch nur anguckt, clicken Sie und geben ihm mit der anderen Hand ein Leckerchen.

Machen Sie so weiter und geben Sie dem Hund jedes Mal, wenn er sich auch nur andeutungsweise für Ihre Hand interessiert, einen Click und ein Leckerchen. Sein Interesse an der offenen Handfläche ist vielleicht anfangs minimal, weil er sich wahrscheinlich viel mehr auf die Leckerchen, die Leckerchentasche oder Ihre andere Hand, mit der Sie ihm die Leckerchen geben, konzentriert. Das macht nichts. Sie können ihm gelegentlich einen kleinen Hinweis geben, indem Sie mit der leeren Handfläche winken oder sie ihm entgegenstrecken, aber tun Sie dies (wenn überhaupt) nur selten. Er kann auch ohne solche Hinweise herausfinden, was er tun muss, um Click und Leckerchen zu erhalten – die meisten Hunde lieben diese Art von Rätseln sogar. Außerdem besteht die Gefahr, dass durch zu viel Hilfestellung der Hund nur lernt, nichts von sich aus zu tun. Unser angestrebtes Ziel bei dieser Übung ist aber, dass sich der Hund aktiv Ihrer Handfläche nähert.

Sobald der Hund Ihre Handfläche ohne zu zögern mit seiner Nase berührt, können Sie ihm beibringen, dass er dem Target folgen muss, um es zu berühren. Machen Sie ihm dies anfangs leicht und halten Sie die Entfernungen kurz. Im Verlauf des Trainings lernt er dann, mehr und mehr Schritte zu machen, bevor er Ihre Handfläche berühren kann und Click und Leckerchen bekommt. Ihr erstes Ziel bei dieser Übung könnte sein: ein einziger, vielleicht noch zögerlicher, Schritt.

Beginnen Sie Ihr Handflächen-Target-Spiel im Haus und machen Sie es dann auch an anderen Orten, zum Beispiel auf Ihren Spaziergängen. Schließen Sie hiervon jedoch Umgebungen aus, an denen der Hund bereits Verteidigungsverhalten gezeigt hat. Wenn er diese Übung perfekt beherrscht, lassen Sie ihn hin und wieder zweimal das Target berühren, bevor er eine Belohnung bekommt. Dann können Sie mit Schritt 1 des Trainingsplans beginnen.

Wie üblich: Gewöhnen Sie einen Hund mit unbekannter Beißhemmung zunächst an einen Maulkorb. Erst dann führen Sie Ihre Targetübungen auch dort durch, wo er bereits Verteidigungsverhalten gezeigt hat. Sobald der Hund den Trainingsplan erfolgreich mit Maulkorb absolviert hat, kann er diesen noch einmal ohne Maulkorb durchlaufen.

Muster-Trainingsplan für Positionierungsübungen

Schritt 1: Verwenden Sie Ihre Handfläche als Target und führen Sie den Hund damit auf ein Möbelstück, das er noch nie verteidigt hat. Verteidigt er alle Möbelstücke, legen Sie ein Sofakissen auf den Boden und versuchen Sie, den Hund dort hinauf und wieder hinunter zu bewegen. Legen Sie das Kissen Stück für Stück näher an das Sofa heran, bis es schließlich wieder an seinem ursprünglichen Platz liegt. Sobald der Hund auf das Möbelstück/Kissen gegangen ist, loben Sie ihn, aber clicken Sie nicht und geben Sie ihm auch kein Leckerchen!

Stattdessen lassen Sie den Hund sofort mit Hilfe Ihres Handflächentargets wieder herunter gehen, und erst dort bekommt er Click und Leckerchen. Wiederholen Sie dies so oft, bis er ohne Probleme auf das Möbelstück/Kissen geht und es ebenso problemlos wieder verlässt. Es kann sein, dass er irgendwann nur noch widerwillig hinauf geht – schließlich wird dies nicht bestärkt. In diesem Fall geben Sie ihm hin und wieder auch für das Hinaufspringen ein Leckerchen, damit dieses Verhalten ausreichend erhalten bleibt.

Schritt 2: Bevor Sie den Hund mit dem Target auf dasselbe Möbelstück lotsen, geben Sie ihm nun ein Hörzeichen, etwa „hopp“, „in dein Körbchen“ oder „aufs Sofa“. Es ist wichtig, dass Ihr Hörzeichen *vor* (und nicht etwa gleichzeitig mit!) dem Zeigen Ihres Handflächentargets erfolgt. Sobald der Hund oben ist, loben Sie wie gewöhnlich. Dann geben Sie ihm Ihr Hörzeichen für das Hinuntergehen, etwa „runter“ (oder ein anderes Wort, das Sie einführen möchten). Nachdem Sie ihm das Hörzeichen gegeben haben, zeigen Sie ihm das Handflächentarget. Sobald er unten ist, clicken Sie und geben ihm ein Leckerchen.

Wahrscheinlich fängt der Hund nach einer Weile damit an, schon auf Ihr Hörzeichen allein hinauf und/oder hinunter zu springen, bevor Sie überhaupt dazu kommen, ihm das Target zu zeigen.

Genau dies ist unser Ziel! Sollte also der Hund nach ein paar Übungseinheiten noch nicht anfangen, auf das Hörzeichen zu reagieren, machen Sie nach diesem eine kleine Pause, um zu sehen, ob er auch ohne Target hinauf oder hinunter geht. Tut er es dann immer noch nicht, zeigen Sie ihm das Target in irgendwie abgeschwächter Form, z. B. weniger deutlich sichtbar oder kürzer. Sie können das Target nur kurz vorzeigen, es höher oder näher an Ihren Körper halten – alles, was dazu dienen kann, den Hund allmählich davon zu entwöhnen.

Schritt 3: Üben Sie an anderen nicht verteidigten Möbeln, bis der Hund zuverlässig auf Hörzeichen hinauf und hinunter geht.

Schritt 4: Üben Sie an Orten, die der Hund bereits verteidigt hat, aber zunächst nur, wenn er sich dort noch nicht niedergelassen hat. Das bedeutet, Sie müssen ihn erst einmal rufen und ihn dann mit dem Hörzeichen an den betreffenden Ort schicken. Sie selbst stehen ungefähr einen Meter entfernt.

Sollte hier eine Verteidigungsreaktion auftreten, versuchen Sie, diese Übung „per Fernsteuerung" zu machen:

Entfernen Sie sich so weit, dass kein Verteidigungsverhalten ausgelöst wird. Sobald der Hund sich bei diesem Spiel an vormals bewachten Orten wohl fühlt, verringern Sie allmählich Ihren Abstand, bis Sie bei einem Meter angekommen sind.

Schritt 5: Wenn der Hund diese Übung im Training zuverlässig ausführt, machen Sie spontane Tests, wenn er gerade von sich aus aufs Sofa gesprungen ist oder es sich in seinem Körbchen bequem gemacht hat. Geben Sie ihm sofort Ihr Hörzeichen (z. B. „runter"), und sobald er es ausgeführt hat, clicken Sie und geben ihm das Leckerchen wie gewohnt. Anschließend darf er sein Nickerchen machen, wie er es ursprünglich vorhatte.

Schritt 6: Machen Sie spontane Tests, wenn er es sich am betreffenden Ort schon für eine Minute bequem gemacht hat (sollte sich dies bereits als schwierig erweisen, fangen Sie mit einer kürzeren Verweildauer an und steigern Sie diese allmählich bis auf eine Minute).

Schritt 7: Machen Sie spontane Tests, wenn er es sich am betreffenden Ort schon für fünf Minuten bequem gemacht hat.

Schritt 8: Machen Sie spontane Tests, wenn er es sich am betreffenden Ort schon für fünfzehn Minuten oder länger bequem gemacht hat.

Schritt 9: Schicken Sie Ihren Hund auf ein Möbelstück, das er nicht verteidigt. Strecken Sie aus einer Entfernung von ca. einem Meter für eine Sekunde Ihre Hand in seine Richtung aus, schicken Sie ihn dann wieder „runter"; Click und Leckerchen wie üblich.

Schritt 10: Schicken Sie Ihren Hund wieder an einen Ort, den er nicht verteidigt. Machen Sie aus einer Entfernung von ca. einem Meter einen Schritt auf ihn zu, strecken Sie Ihre Hand aus, schicken Sie ihn dann wieder „runter"; Click und Leckerchen wie üblich.

Schritt 11: Schicken Sie Ihren Hund an einen Ort, den er nicht verteidigt. Machen Sie aus einer Entfernung von ca. einem Meter zwei kleine Schritte auf ihn zu, strecken Sie Ihre Hand aus, schicken Sie ihn dann wieder „runter“; Click und Leckerchen wie üblich.

Viele Hunde,, die Orte verteidigen, haben auch Probleme mit körperlichen Berührungen. Trifft das auch auf Ihren Hund zu, arbeiten Sie zunächst gesondert daran, bevor Sie mit Schritt 12 weitermachen.

Schritt 12: Schicken Sie Ihren Hund an einen Ort, den er nicht verteidigt. Machen Sie aus einer Entfernung von ca. einem Meter zwei kleine Schritte auf den Hund zu, strecken Sie Ihre Hand aus und berühren Sie seinen Rücken. Click und Leckerchen. Schicken Sie ihn dann „runter“, clicken Sie erneut und geben Sie ihm wieder ein Leckerchen.

Schritt 13: Schicken Sie Ihren Hund an einen Ort, den er nicht verteidigt. Machen Sie aus einer Entfernung von ca. einem Meter zwei kleine Schritte auf den Hund zu, strecken Sie Ihre Hand aus und berühren Sie seinen Kopf. Click und Leckerchen. Schicken Sie ihn dann „runter“, Click und Leckerchen wie üblich.

Schritt 14: Schicken Sie Ihren Hund an einen Ort, den er nicht verteidigt. Machen Sie aus einer Entfernung von ca. einem Meter zwei kleine Schritte auf ihn zu, strecken Sie Ihre Hand aus und tätscheln Sie ihm Kopf, Schultern und Rücken. Click und Leckerchen. Schicken Sie ihn dann „runter“, Click und Leckerchen wie üblich.

Schritt 15: Schicken Sie den Hund auf ein Möbelstück, das er bereits verteidigt hat oder in sein Körbchen, wenn er dies verteidigt. Strecken Sie aus einem Abstand von ca. einem Meter Ihre Hand in seine Richtung aus, schicken Sie ihn dann „runter“, Click und Leckerchen wie üblich.

Schritt 16: Schicken Sie den Hund an denselben Ort wie in Schritt 15. Machen Sie aus einer Entfernung von ca. einem Meter einen Schritt auf ihn zu, strecken Sie Ihre Hand aus und schicken Sie ihn dann „runter“, Click und Leckerchen wie üblich.

Schritt 17: Schicken Sie den Hund an denselben Ort. Machen Sie aus einer Entfernung von ca. einem Meter zwei kleine Schritte auf ihn zu, strecken Sie Ihre Hand aus und schicken Sie ihn dann „runter“, Click und Leckerchen wie üblich.

Schritt 18: Schicken Sie den Hund an denselben Ort. Machen Sie aus einer Entfernung von ca. einem Meter zwei kleine Schritte auf ihn zu, strecken Sie Ihre Hand aus und berühren Sie seinen Rücken. Click und Leckerchen. Schicken Sie ihn dann „runter“, Click und Leckerchen wie üblich.

Schritt 19: Schicken Sie den Hund an denselben Ort. Machen Sie aus einer Entfernung von ca. einem Meter zwei kleine Schritte auf ihn zu, strecken Sie Ihre Hand aus und berühren Sie seinen Kopf. Click und Leckerchen. Schicken Sie ihn dann „runter“, Click und Leckerchen wie üblich.

Schritt 20: Schicken Sie den Hund an denselben Ort. Machen Sie aus einer Entfernung von ca. einem Meter zwei kleine Schritte auf den Hund zu, strecken Sie Ihre Hand aus und tätscheln Sie ihm Kopf, Schultern und Rücken. Click und Leckerchen. Schicken Sie ihn dann „runter“, Click und Leckerchen wie üblich.

Stufe Zwei: Durchlaufen Sie die Schritte 15 bis 20 an allen vormals verteidigten Orten. Wenn nötig, bauen Sie Zwischenschritte ein.

Stufe Drei: Üben Sie die Schritte 15 bis 20, wenn der Hund schon von allein auf Möbel oder in sein Körbchen gegangen ist.

Das Ziel dieses Trainingsplans ist es, den Hund auf Möbel hinauf und von Möbeln hinunter schicken zu können. Wollte man dem Hund beibringen, dass der Besitzer sich ihm nähert, um *zusammen mit* dem Hund auf den Möbeln zu sitzen, müsste man den Trainingsplan in vergleichbar kleinen Schritten auf dieses Ziel hin ausrichten.

Die Aufrechterhaltung des Erreichten besteht darin, spontane Stichproben zu machen, um „das System zu testen“. Berühren Sie den Hund und schicken Sie ihn von Möbeln hinunter, die er früher verteidigt hat – auch, wenn Sie gerade diesen Platz mit ihm „teilen“. Geben Sie ihm stets besonders gute Leckerchen. Sollte sich auch nur der kleinste Rückfall bemerkbar machen, nehmen Sie sofort wieder entsprechende therapeutische Übungen auf.

Generalisierung, Spontane Tests, Fehlersuche bei Problemen

Generalisierung

Folgendes gilt für alle Trainingspläne: Sobald die Person, die hauptsächlich mit dem Hund arbeitet, mit ihm erfolgreich alle Stufen des Trainingsplans absolviert hat (mit und ohne Maulkorb und/oder Anbinden) und auch spontane Tests keine Schwierigkeiten mehr bereiten, ist diese Person für das weitere Training nicht mehr nützlich. Es müssen nun andere Familienmitglieder rekrutiert werden, um wieder ganz von vorn anzufangen. In manchen Fällen wird die Haupttrainerin die Besitzerin sein, unterstützt von einem professionellen Verhaltenstherapeuten. In manchen Fällen wird es die Verhaltenstherapeutin sein, während der Besitzer - oder ein anderes ausgewähltes Familienmitglied – als nächstes den Trainingsplan durchläuft. Jede nachfolgende Person hat es für gewöhnlich leichter; allerdings bedeutet das nicht zwangsläufig, dass gar keine Schwierigkeiten auftreten. Bildlich kann man es sich in etwa so vorstellen: Der erste Trainer schlägt mit einer Machete einen Pfad durch den Dschungel frei, den nachfolgende Trainer benutzen können. Von Mal zu Mal wird dieser Pfad immer leichter begehbar.

Die zweite (oder dritte) Person kann durchaus schon mit dem Trainingsplan beginnen, wenn die erste (oder zweite) Person damit schon ziemlich weit ist, ihn aber noch nicht komplett beendet hat. Es ist auch möglich, dass zwei Leute an ein und derselben Stufe des Trainingsplans arbeiten. Allerdings ist in diesem Fall eine gute Kommunikation nötig – alle Beteiligten sollten jeweils über Neuigkeiten oder Rückschritte informiert sein! Jeder Einzelne muss alle Elemente des Trainingsplans durcharbeiten – niemand darf schummeln und Stufen auslassen, nur weil der Trainer vor ihm diese schon gemeistert hat.

In unserem Fall würde eine Generalisierung bedeuten, dass der Hund etwas für ihn sehr Wichtiges, in dessen Besitz er sich gerade befindet, selbst dann nicht verteidigt, wenn sich ihm ohne Vorbereitung eine *unbekannte* Person nähert. Um dies zu erreichen, sind normalerweise mindestens drei oder vier Personen – wenn möglich, verschiedenen Alters und Geschlechts – nötig, die mit dem Hund die Übungen durcharbeiten, einschließlich der spontanen Tests.

Hat der Hund beispielsweise seine Übungen bisher nur mit Erwachsenen oder nur mit weiblichen Personen gemacht, sollte Ihnen bewusst sein, dass das Risiko eines auftretenden Verteidigungsverhaltens steigt, wenn man den Hund auf schwierigeren Stufen des Trainingsplans mit Männern oder Kindern (also einem anderen Personenkreis) konfrontiert. Und – wie bereits erwähnt: Wenn der Hund Fremden oder einer bestimmten Gruppe von Menschen gegenüber nicht sozialisiert ist, ist es unmöglich, seine Reaktion vorauszusagen, wenn er im Besitz einer Ressource ist und sich ihm eine solche Person nähert.

Häufig auftretende Probleme im Training

In diesem Kapitel wird auf Probleme bei der Therapie und deren Ursachen eingegangen. Am häufigsten anzutreffen sind:

- zu schnelles Vorangehen im Trainingsplan, bevor die KER auf der vorigen Stufe gut gefestigt ist; dadurch wird die Reizschwelle des Hundes überschritten

- schlechte Planung der einzelnen Stufen, wie beispielsweise die Kombination mehrerer Kriterien; auch hierdurch wird die Reizschwelle des Hundes überschritten

- Schwierigkeiten, im Trainingsplan zwischen einer erfolgreich gemeisterten Stufe und der nächst schwierigeren bei Bedarf Zwischenschritte zu finden („Festhängen“ auf einer Stufe)

- mangelhaftes oder fehlendes Management außerhalb der Übungszeiten

- Schwierigkeiten mit spontanen Tests

- Schwierigkeiten beim Generalisieren

Überforderung des Hundes durch zu schnelles Vorangehen

Zu schnelles Vorangehen (bereits als „sich auf dünnem Eis bewegen" erwähnt) ist in der Verhaltenstherapie bei Angst und Aggression erschreckend weit verbreitet. Vielleicht liegt das an unserer Gewöhnung an eine extrem schnelllebige Welt im Allgemeinen oder daran, dass Hundetrainer verwöhnt von der Schnelligkeit sind, mit der sie bei operanter Vorgehensweise Ziele erreichen. Außerdem ist es insgesamt relativ neu, diese Art von Problemen überhaupt zu therapieren, statt sich einfach damit zu arrangieren oder den Hund einschläfern zu lassen. Was auch immer der Grund sein mag: *Hüten Sie sich davor, übereilt vorzugehen!* Vielleicht kommen Sie für eine oder zwei Stufen damit durch, aber für das nachfolgende Training haben Sie keine gute Basis geschaffen, und dies wird sich später rächen. Wenn ein Hund auf einer bestimmten Stufe Schwierigkeiten hat, ist es sehr unklug, zur nächsten weiter zu gehen. Im Gegenteil: Viel umsichtiger ist es, sogar einen Schritt zurück zu gehen und leichtere Übungen zu machen. Nachdem man evtl. bestimmte beteiligte Faktoren verändert hat, kann man dann die problematische Stufe noch einmal neu angehen. „Schwierigkeiten haben" bedeutet, dass die gewünschte KER noch nicht erreicht ist. Fehlendes Verteidigungsverhalten allein ist keine ausreichende Basis für den nächsten Schritt! Legen Sie Wert auf die KER, wie auch immer diese bei dem jeweiligen Hund aussehen mag.

Mehrere Kriterien zur gleichen Zeit

Ein weiteres, sehr verbreitetes Problem ist es, an mehreren Kriterien gleichzeitig zu arbeiten. Ein Beispiel:

Bei einem Hund, der Futter verteidigt, hat man bei Annäherungen und Berührungen des Napfes mit mäßig schmackhaftem Futter eine schöne, solide KER erreicht. Nun aber geht man *gleichzeitig* zu länger andauernder Berührung des Napfes *und* sehr schmackhaftem Futter über.

Schon das zeitgleiche Erhöhen beider Kriterien (Schmackhaftigkeit des Futters *und* Dauer der Futternapf-Berührung) hätte nicht passieren dürfen. Noch besser wäre es sogar gewesen, beim Erhöhen eines der beiden Kriterien das andere um eine oder zwei Stufen zu senken. *So* funktioniert gutes Ausbalancieren!

Manchmal ist das zeitgleiche Erhöhen mehrerer Kriterien das Resultat einer fehlerhaften Einschätzung, und/oder es liegt an einer nachlässigen oder fehlenden Aufzeichnung der Sessions*. Es ist schwierig, einen genauen Überblick über alle Faktoren zu behalten. Daher sind sowohl das Aufstellen eines Trainingsplans als auch detaillierte Aufzeichnungen der Sessions unbedingt notwendig.

Der Unterschied zwischen unsystematischem und systematischem Training ist folgender: Wenn Sie einen unsystematisch arbeitenden Trainer fragen, woran er arbeitet, wird er antworten: „Verteidigen des Futternapfes – aber dieser Hund ist schwierig und unberechenbar: An manchen Tagen ist er gut, an anderen schlecht“. Ein systematisch arbeitender Trainer dagegen wird antworten: „Verteidigen des Futternapfes mit folgenden Kriterien: zehnsekündiges Rütteln am Napf aus frontaler Position. Dazu wurde die Entfernung, aus der man sich annähert, gesenkt. Die kürzlich gesteigerte Dauer stellte für diesen Hund einen großen Schritt dar; daher musste die Entfernung, aus der man sich annähert, verringert werden. Wollen Sie meine Aufzeichnungen der letzten beiden Sessions sehen?“. Der erste Trainer erkennt womöglich gar keine Einflussgrößen wie Dauer, Schmackhaftigkeit, Entfernung, aus der man sich annähert und Grad des Aufgewärmtseins – geschweige denn, diese zu berücksichtigen und anzupassen. Das Ganze ist für ihn ein großes Rätsel, und er gibt dem Hund oder dessen „Launen“ die Schuld. Wenn Sie es bisher nicht gewohnt sind, Ihre Trainingssessions aufzuzeichnen, verzagen Sie nicht. Anfangs wird es etwas mühselig sein, aber mit der Zeit wird das Erstellen der Aufzeichnungen Ihnen leichter fallen. Sie werden merken, dass sie Ihre Fähigkeit schulen, Verhalten zu analysieren und richtig zu beurteilen.

Plateaus („Festhängen“ im Training)

Ein Trainingsplan kann noch so gut ausgearbeitet sein – während der Arbeit mit dem Hund muss man fast immer kleine Anpassungen vornehmen. Man kann unmöglich voraussagen, welche Teile eines Trainingsplans für den einzelnen Hund eine Schwierigkeit darstellen werden. Wenn Sie ein und denselben Trainingsplan in 20 ähnlichen Fällen durcharbeiten, werden manche Hunde gewisse „Meilensteine“ mit Leichtigkeit bewältigen, an denen andere Hunde total festhängen. Diese

---

* siehe Glossar

wiederum haben dafür an anderen Punkten überhaupt keine Schwierigkeiten, mit denen jedoch die erste Gruppe Mühe hat.
Sie werden häufig feststellen, dass sich beim Durcharbeiten Ihres vorläufigen Trainingsplans die Reaktion des Hundes von einem Schritt zum nächsten sehr stark unterscheidet. Dies sind die Stellen, an denen Sie Zwischenschritte einbauen müssen.

Nehmen wir einmal an, wir arbeiten mit einem Hund, der Orte verteidigt. Bei allgemeinen Positionierungsspielen hat er eine schöne KER. Er liebt es, auf einen Stuhl oder auf das Sofa und von dort wieder herunter geschickt zu werden. Sobald wir aber genau dieselbe Übung auf dem Bett machen (wo sich das Problem ursprünglich gezeigt hatte), ist er sehr angespannt – sogar, wenn die Übung zu anderen Tageszeiten gemacht wird als der üblichen Zubettgehzeit seines Besitzers (der Situation, in der das Verteidigungsverhalten ursprünglich aufgetreten war). Nachfolgend einige mögliche Zwischenschritte, die man probieren kann:

- bei einem Freund auf dessen Bett (das dem Hund unbekannt ist) trainieren

- das Betreten und Verlassen des Schlafzimmers üben und dabei allmählich immer dichter ans Bett kommen

- mit einem Stuhl im Schlafzimmer üben und diesen allmählich näher ans Bett stellen

- die Bettdecken und Kissen nehmen und auf das Sofa, auf dem der Hund schon erfolgreich war, legen

- den Hund auf den Clicker konditionieren und vom Zimmereingang aus shapen*, dass er auf das Bett und wieder herunter springt.

Jede Kombination der vorgenannten Schritte oder andere Variationen, die Ihnen einfallen, können durchgeführt werden, um den Durchbruch bei diesem Trainings-Stillstand zu erreichen.

Hier ein weiteres Beispiel: Ein Hund (nennen wir ihn Bello) verteidigt im Hundeauslaufgebiet seinen Besitzer gegenüber anderen Hunden. Bello hat eine gute, frisch aufgebaute KER auf die Anwesenheit anderer Hunde in der Nähe seines Besitzers, wenn dieser auf einer Bank sitzt. Sobald sein Besitzer jedoch einen anderen Hund tätschelt oder sich anderweitig mit ihm beschäftigt, ist Bello deutlich angespannt - sogar, wenn er sich nicht zwischen seinem Besitzer und dem anderen Hund befindet.

In diesem Fall könnte man:

- an anderen Orten außerhalb des Hundeauslaufgebietes die folgende Basisübung machen: Ein Tätscheln eines anderen Hundes sagt ein Tätscheln und ein Leckerchen für den verteidigenden Hund voraus (wobei jegliches Drohverhalten ein sofortiges Time-out* zur Folge hat – tritt auch nach mehreren solcher Strafen keine Besserung ein, erhöhen Sie die Entfernung zwischen den beiden Hunden so, dass der Abstand zwischen dem Besitzer und seinem verteidigenden Hund vergrößert wird)

- üben, dass der Besitzer andere Hunde zunächst einmal nur ansieht, statt näheren Kontakt mit ihnen aufzunehmen

- jemanden rekrutieren, der dabei hilft, die Basisübung im Hundeauslaufgebiet durchzuführen, indem er den Hund auf Abstand zu seinem Besitzer hält. Der Helfer gibt dem Hund jedes Mal Leckerchen, wenn sein Besitzer sich mit einem anderen Hund beschäftigt. Seien Sie vorsichtig bei der Verwendung von besonders schmackhaften Leckerchen in Hundeauslaufgebieten, denn dies fördert häufig bei anderen anwesenden Hunden ein latent vorhandenes Futterverteidigen der Hunde untereinander zu Tage.

- die Basisübung zu einer ruhigen Zeit im Hundeauslaufgebiet machen und dazu einen möglichst echt wirkenden Plüschhund benutzen – dann zu einem passiven, bekannten Hund übergehen, immer noch zu einer ruhigen Zeit, und von da aus weiter

---

* siehe Glossar

Scheitern des Managements

Wir alle müssen damit leben, dass unser Management gelegentlich scheitert. Manche dieser Missgeschicke werfen uns im Training richtig zurück, andere scheinen keine so schädliche Auswirkung zu haben. Die beste Vorbeugetaktik ist es, wahrscheinliche Schwachstellen vorauszusehen. Vielleicht setzt sich der Besitzer nicht wirklich mit dem Problem auseinander? Oder die Liste der verteidigten Gegenstände ist nicht ausführlich genug? Beinhaltet die Liste Dinge, die schwer zu kontrollieren sind? Träumt der Besitzer auf den Spaziergängen vor sich hin, statt auf seinen Hund zu achten? Besteht ein Konflikt zwischen einem anderen Lebensbereich des Hundes und den erforderlichen Management-Maßnahmen (z. B. ein Hund, der Probleme mit körperlichen Berührungen hat, aber gebürstet werden muss oder eine regelmäßige medizinische Behandlung braucht)? Normalerweise gibt es für solche Fälle kreative Lösungen und Kompromisse. Einige Beispiele:

- ein offenes Gespräch kann helfen, wenn der Besitzer das Problem verleugnet
- man kann verschiedene Gegenstände durchtesten
- man kann das Umfeld überwachen
- der Hund kann auf Spaziergängen einen Maulkorb tragen
- man kann dem Hund vor einem Tierarztbesuch ein starkes Beruhigungsmittel geben
- ein Hund mit langem Fell könnte geschoren werden, um für eine Weile den Besuchen beim Hundefriseur den Druck zu nehmen

All dies ist viel umsichtiger, als erst im Nachhinein festzustellen, dass ein Managementfehler in einem bestimmten Fall katastrophale Folgen hatte.

Spontane Tests

An der Akademie* haben wir einmal überlegt, T-Shirts mit der Aufschrift „Das Leben ist eine Abfolge von spontanen Prüfungen“ drucken zu lassen. Fast nie haben wir die Möglichkeit, uns auf die Überraschungen, die das Leben für uns bereithält, vorzubereiten. Auch wenn wir zum z. B. etliche Male Abwehrmanöver bestimmter

---

* siehe Glossar

Kampfsportarten durchexerzieren - ob dieses Training uns allerdings wirklich gegen eine plötzliche Bedrohung wappnet, bleibt ungewiss.

Der Sinn von Desensibilisierung und Gegenkonditionierung (D&G) ist es, den Hund auf Alltagssituationen vorzubereiten. Alle Übungen, die wir mit ihm machen, sind nur Probeläufe für „den großen Moment“. Dann gibt es keine Leckerchentasche, keinen Trainingsort, kein Aufwärmen oder andere Hinweise für den Hund, dass es sich um „das altbekannte Spiel“ handelt. Unser Ziel ist, dass der Hund im Alltag so reagiert wie im Training, statt wieder in sein ursprüngliches Verhaltensmuster zurück zu fallen und Verteidigungsverhalten zu zeigen. Aus diesem Grund ist es unerlässlich, in Spontantests Erfolg zu haben, also in Szenarien, die so genau wie möglich eine plötzlich auftretende Alltagssituation simulieren. Sie bestehen jeweils nur aus einem einzigen Versuch.

Manchmal ergeben sich spontane Tests ganz natürlich aus der Arbeit mit dem Trainingsplan: Sie merken, dass der Hund im Training einfach keine Fehler mehr macht - auch nicht im ersten Versuch einer Session*; nicht einmal, wenn dieser erste Versuch eine neue Variante ist. An diesem Punkt fangen Sie absichtlich damit an, den Hund spontan zu prüfen: Reagiert er zuverlässig in Situationen, auf die er nicht vorbereitet ist und die dem Szenario ähneln, in dem das Problem ursprünglich auftrat? Sogar unvorbereitet und wenn er schon länger im Besitz der Ressource ist? Wie sieht es aus bei unvorbereiteten Tests mit Gegenständen, die der Hund schon länger in seinem Besitz hat und die beim ersten Durcharbeiten des Trainingsplans Schwierigkeiten gemacht haben, auch wenn sie nicht der eigentliche Grund waren, weswegen der Hund Ihnen vorgestellt wurde?

In anderen Fällen müssen Spontantests systematisch eingeführt werden. Dazu senkt man vorübergehend andere Kriterien. Ein Beispiel wäre ein Hund, der ursprünglich Gegenstände bewacht hat und nach einer Aufwärmphase keine Fehler mehr macht. Hat dieser bei Spontantests aber noch Schwierigkeiten, kann man den allerersten Versuch jeder Session leichter gestalten. Hierzu kann die Art des Gegenstands, die Entfernung, aus der man sich annähert oder ein anderer Faktor verändert werden. Von Mal zu Mal kann dann der Schwierigkeitsgrad wieder erhöht werden.

Schwierigkeiten beim Generalisieren

Welcher Grad der Generalisierung angemessen ist, hängt vom jeweiligen Fall ab. Bei einem Hund, der ausschließlich seinen Futternapf verteidigt, reicht es vollkommen aus, ihn sorgfältig mit allen Familienmitgliedern zu trainieren, für Fremde dann aber eine Management-Lösung zu wählen (d. h., der Hund bekommt seinen Futternapf nie in Anwesenheit Fremder – Anm. d. Übers.). Diese Option ist weniger geeignet, wenn ein Hund eine ganze Reihe fressbarer Dinge verteidigt. In diesem Fall nämlich ist die Wahrscheinlichkeit eines spontanen Zusammentreffens mit einem Besucher oder in der Öffentlichkeit viel höher. Bei einem solchen Hund sollten Sie dafür sorgen, dass eine stärker generalisierte Reaktion erreicht wird.

Häufig wird versucht, das Programm dadurch abzukürzen, dass nachfolgende Trainer irgendwo mitten im Trainingsplan oder sogar erst bei den letzten Schritten anfangen. Manchmal können Sie damit durchkommen. Wenn nicht, sollten Sie den gesamten Trainingsplan von jeder einzelnen Person vollständig durcharbeiten lassen, bevor Sie andere Überlegungen anstellen (einschließlich der Annahme, der Hund sei nicht normal). Machen Sie sich sorgfältig Notizen und achten Sie speziell darauf, an welchen Punkten der Hund Schwierigkeiten hat: Klappt das Training insgesamt schlechter als beim ersten Trainer, oder hat der Hund plötzlich an ganz anderen Stellen Schwierigkeiten, können Sie anfangen, nach anderen Erklärungen zu suchen. Die häufigsten sind:

- die nachfolgenden Trainer führen die Übungen anders aus oder machen Fehler in der Ausführung
- bisher nicht bekanntes Sozialisationsdefizit oder Unbehagen speziell dieser Person gegenüber
- Fehler beim ersten Durcharbeiten des Trainingsplans – nachfolgende Trainer decken einfach nur Schwachstellen („dünnes Eis“) auf, die schon die ganze Zeit über vorhanden waren

Man könnte argumentieren, kleine Unterschiede in der Ausführung der Übungen gehören bei einer Generalisierung dazu, genau wie die körperlichen Unterschiede der späteren Trainer (Geruch, Aussehen usw.). Daher lohnt es sich wirklich nur dann, etwaige Unterschiede in der Ausführung der Übungen herauszufiltern, wenn dieser Faktor einen Trainingsfortschritt verhindert. Solche Unterschiede in der Ausführung müssen nicht unbedingt Fehler sein. Faktoren wie der Winkel, aus dem man sich annähert, die Geschwindigkeit der Annäherung, die Haltung, die man während der Annäherung einnimmt und ob man den Hund dabei anspricht, machen für manche Hunde einen großen Unterschied. Sie können daher auf gewissen Stufen des Trainingsplans zu einem Rückschritt oder einem Stillstand führen. Es sind also keine Fehler, sondern wertvolle Details, die man verwerten kann – vorausgesetzt, man bemerkt sie und baut dann das Training entsprechend in kleinen Schritten auf.

Unerfahrene Trainer – in diese Kategorie fallen die meisten Hundebesitzer und Familienmitglieder– benötigen in einem frühen Stadium fachkundige Hilfe. So ist sichergestellt, dass sie die Übungen korrekt ausführen und erkennen, ob die KER erreicht ist oder fehlt („dünnes Eis"). In der Praxis könnte das so aussehen, dass ein Verhaltenstherapeut die ersten Sessions genau überwacht und den Hundebesitzer unterstützt. Für besonders schwierige Punkte im Trainingsplan werden später ggf. weitere Termine vereinbart. Werden Fehler des Hundebesitzers nicht früh genug entdeckt, können sie ein ganzes Programm scheitern lassen und den Kunden entmutigen. Für ihn ist nichts so motivierend wie Fortschritte im Training.

Es ist keine Überraschung, dass Hunde sich nicht allen Menschen gegenüber gleich wohl fühlen. Viele Rassen sind sogar speziell darauf gezüchtet worden, sich eng an ihre Bezugspersonen zu binden, während sie Fremden gegenüber misstrauisch und schwierig zu sozialisieren sind. Sehr viele ernsthafte Angriffe von Hunden erfolgen auf Personen außerhalb der Familie, und daher könnte man den Standpunkt vertreten, das oben erwähnte Zuchtziel sei in unserer heutigen Gesellschaft nicht verantwortungsvoll und es wäre eine wertvolle Vorbeugemaßnahme, leicht zu sozialisierende Hunde für die Zucht auszuwählen.

Manchmal ist es eine einzelne Person, die den Hund nervös macht. Häufiger jedoch ist es eine bestimmte *Kategorie* von Personen. Hunde unterscheiden mit Leichtigkeit Geschlecht, Rasse, Kleidung, Gang, Gesichtsbehaarung und möglicherweise noch weitere, u. a. geruchliche, Faktoren. Wenn Hunde sich unbehaglich fühlen, zeigt sich dies in allen möglichen Reaktionen: Vom Ducken des Kopfes beim Tätscheln über deutlichere Scheu bis hin zu Reaktionen wie Knurren, Vorspringen oder Schnappen. Wenn jemand, der dem Hund nicht geheuer ist, für D&G-Übungen herangezogen wird, hat dies häufig einen tief greifenden Rückschritt im Trainingsplan zur Folge.

Ist ein solches Sozialisationsdefizit erkennbar geworden, gibt es verschiedene Möglichkeiten. Eine besteht darin, ein therapeutisches Sozialisierungsprogramm zu beginnen. Dieses besteht im Grunde darin, D&G gegen die Kategorie von Menschen auszuführen, die dem Hund Angst macht.

Die Prognose reicht von mäßig gut bis sehr vorsichtig. Dies ist abhängig von Faktoren wie Schweregrad, Reaktionsweise (Angriff oder Flucht), Beißhemmung und Lerngeschwindigkeit und auch davon, wie eng einzugrenzen und gut definiert die Kategorie ist. Typischerweise ist dieses Unterfangen außerdem, verglichen mit D&G bei der Ressourcenverteidigung, recht langwierig.

Aus diesem Grund sollten Sie die andere Möglichkeit in Erwägung ziehen: Management bei Anwesenheit von Personen, die der problematischen Kategorie angehören. Dies wird zum Großteil davon abhängen, wie das alltägliche Leben des Hundes aussieht und wie klar diese Kategorie definiert ist. Manchmal ist es leicht, Hunde von solchen

Auslösern fernzuhalten, in anderen Fällen hingegen kann es mit großen Schwierigkeiten verbunden sein.

Meine bevorzugte Wahl für die Praxis ist eine Kombination aus dem oben Genannten. Machen Sie einen gründlichen Plan für D&G bei problematischen Fremden und beginnen Sie mit diesem Programm, während Sie gleichzeitig daran arbeiten, die KER im Anti-Verteidigungs-Training auf alle unproblematischen Kategorien von Menschen zu generalisieren. Sehr wahrscheinlich haben Sie Letzteres schon längst abgeschlossen und machen nur noch gelegentliche Übungen zur Erhaltung des Erreichten, während Ersteres noch immer im Gange ist.

Das Problem mit den Fremden wird, wie in D&G-Programmen üblich, Management erfordern. Dazu gehört, ein Zusammentreffen zu vermeiden, so lange der Hund im Besitz der (früher) „heißen" Ressourcen ist. Sobald (wenn überhaupt) das Fremden-D&G-Programm ausreichend Früchte trägt, lassen Sie eine fachkundige Person, die in die problematische Kategorie fällt, mit dem Hund den Trainingsplan durcharbeiten. Vielleicht stellen Sie sogar fest, dass es für das Fremden-D&G-Programm hilfreich ist, in dieser Phase das Ressourcen-Verteidigungs-Spiel einzubauen.

Häufig reagiert der Hund durchaus unterschiedlich auf die einzelnen Familienmitglieder. Dabei fällt nicht nur das Verteidigungsverhalten bei den einzelnen Familienmitgliedern unterschiedlich aus, sondern auch die Reaktion auf die Anti-Verteidigungs-Übungen. Es ist schwer zu beurteilen, welchen Anteil daran die jeweiligen Fähigkeiten als Trainer haben und welchen andere Faktoren. Glücklicherweise ist es aber auch für diejenigen Familienmitglieder, die das schlimmste Verhalten beim Hund auslösen, definitiv möglich, den Trainingsplan zu meistern. In der Regel erfordert dies mehr direkte Unterstützung durch den Verhaltenstherapeuten. Auch ein erfolgreicheres Familienmitglied kann helfen (vorausgesetzt, dies führt nicht zu Unstimmigkeiten innerhalb der Familie).

Manchmal sind die Schwierigkeiten beim Generalisieren auch ganz banal: Woher nimmt man die Helfer für die Arbeit mit dem Hund? Wenn keine anderen Familienmitglieder im Haus leben, wer soll dann nach dem ersten Trainer die Übungen machen? Und was ist, wenn es zwar genügend Familienmitglieder gibt, diese aber nicht helfen wollen?

Die Antwort wird von der Motivation des Besitzers abhängen, von der Schwere und Hartnäckigkeit des Problems und davon, ob es eine akzeptable Möglichkeit des Managements gibt. Wenn die Rekrutierung von Helfern nicht möglich ist, sollte ein umfassendes Management-System zur Anwendung kommen.

Nehmen wir als Beispiel Hund X: ein sehr heftiger Futter-, Objekt- und Besitzer-Verteidiger mit einer recht guten Beißhemmung. Seine Besitzerin hat häufig Besuch, nimmt den Hund sehr oft mit und bringt ihn während ihrer zahlreichen Geschäftsreisen bei verschiedenen Freunden unter. Bei diesen Freunden wiederum gehen auch ziemlich viele Leute ein und aus. Der Anreiz, diesen Hund gründlich zu konditionieren und sicher zu machen, ist hoch, denn mit an Sicherheit grenzender Wahrscheinlichkeit wird es zu Begegnungen mit einer großen Vielfalt von Leuten kommt, während der Hund im Besitz einer Ressource ist.

Hündin Y dagegen verteidigt nur ganz bestimmte Gegenstände – dies auch nur mit mäßiger Intensität – und hat eine gute Beißhemmung. Sie gehört einem Rentnerehepaar, das ein paar Mal im Jahr für ein paar Tage Familienbesuch von auswärts hat. Darüber hinaus wird die Hündin an der Leine spazieren geführt, wo sie den Kindern aus der Nachbarschaft nur von weitem begegnet; im Hundeauslaufgebiet darf sie frei laufen.

Im Fall von Hund X würde man sich wünschen, seine Besitzerin besäße genügend Motivation, um bestimmte Freunde in das Training mit einzubeziehen. Die Wichtigkeit einer generalisierten Reaktion muss ihr, auch im Hinblick auf ihr erhöhtes Haftungsrisiko, erklärt werden. Sollte sie Schwierigkeiten damit haben, Helfer zu finden, ist die nächstbeste Möglichkeit, dass der Therapeut ein paar Leute für sie rekrutiert. Meist werden dies Kollegen sein. Sobald der Hund relativ sicher ist, sind vielleicht ein paar „mutigere“ Freunde der Besitzerin bereit, einige „Festigungsübungen“ mit dem Hund zu machen, nachdem er schon mehrfach den Trainingsplan gemeistert hat und seine Reaktion quasi bombensicher ist.

Im Fall von Hund Y und ungenügenden Möglichkeiten, Helfer zu finden, ist es ausreichend, den Hund zu managen, sobald mit den Besitzern eine deutliche KER erreicht worden ist. Gegenstände, die der Hund verteidigt, können außerhalb seiner Reichweite aufbewahrt werden, wenn die Familie zu Besuch ist, oder der Hund könnte in einer Transportbox oder in einem anderen Raum untergebracht werden und sich dort mit Büffelhaut- und anderen Knochen beschäftigen. Er könnte eventuell sogar für diese wenigen Tage im Jahr in einer Hundepension untergebracht werden.

Desensibilisierung gegen körperliche Berührungen

Grundsätzliches

Die Prinzipien der D&G gegen körperliche Berührung und Manipulation sind identisch mit denen bei der Ressourcenverteidigung. Als erstes müssen die Körperregionen und Prozeduren in „einfach", „mittelschwer" und „sehr schwierig" unterteilt werden.

Erinnern Sie sich an unsere Liste mit den häufigsten Schwierigkeiten bei körperlicher Manipulation:

- Festhalten von Körper, Kopf, Kiefern und/oder Gliedmaßen
- Greifen nach dem Halsband
- Berühren des Kopfes oder Ausstrecken der Hand nach dem Kopf
- Greifen über/um den Fang oder Festhalten desselben
- Öffnen des Fangs (Untersuchung von Zähnen und Zahnfleisch;
- Tabletteneingabe etc.)
- Berühren der Ohren
- Berühren der Pfoten – nur vorn, nur hinten oder beides
- Schneiden der Krallen
- Fassen der Haut
- Ziehen an den Haaren/Fellpflege
- Berühren der Hinterhand
- Berühren der Rute
- Berühren im Genital- und Analbereich

Weitere Faktoren, die Sie variieren können, um unterhalb der Reizschwelle zu bleiben, ähneln denen in der Therapie von Ressourcenverteidigern. Dazu gehören:

- die Person des Trainers (wer führt die Berührungen aus?)
- die Dauer der Berührungen – besonders beim Festhalten
- wie sanft oder kräftig die Manipulation ausgeführt wird
- wie „aufgewärmt“ der Hund ist

Aufwärmen ist besonders in solchen Fällen wichtig, in denen ein Erschrecken des Hundes einen Teil des Problems ausmacht; etwa bei Hunden, die sich aggressiv verhalten, wenn man sie aufweckt oder im Vorbeigehen versehentlich anstößt. Man tut gut daran, etwaige am Problemszenario beteiligte Utensilien (beispielsweise Bürste oder Krallenzange) vom eigentlichen Berührungstraining abzukoppeln. Oft hat der Hund schon eine ängstliche Vorahnung oder sogar große Angst, sobald er diese Utensilien sieht. Dann lohnen sich separat durchgeführte Gegenkonditionierungsmaßnahmen.

Wenn sich zum Beispiel ein Hund nicht gern bürsten lässt, hatte er ursprünglich ein Problem mit Berührung, Festgehaltenwerden oder damit, dass an seinen Haaren gezogen wurde. Nun hat er zusätzlich eine negative KER gegenüber der Bürste entwickelt. Dies erfordert zwei separate Trainingspläne: Einen, um den Hund dagegen zu desensibilisieren, dass er berührt, festgehalten und/oder dass an seinen Haaren gezogen wird und einen, um eine gute Verknüpfung zur Bürste aufzubauen. Manchmal lohnt sich die Anschaffung neuer Utensilien, um bereits vorhandene „Altlasten“ zu reduzieren.

Wurde auch ein Ort mit verknüpft – die Tierarztpraxis etwa oder der Hundesalon – könnte es sich lohnen, diesem Ort eine Reihe von Besuchen abzustatten, um eine neue KER aufzubauen. Dies sollte erfolgen, bevor man dort mit den ersten Schritten eines Trainingsplans anfängt.

Wenn das Problem ernst ist oder schon sehr lange besteht, wird der Ort einen Großteil des Problems ausmachen und wird auch einen Großteil der Therapiezeit in Anspruch nehmen.

„Wenn ein Hund nicht am Kopf festgehalten werden mag, wo fangen wir an zu üben? Richtig, an seiner Schwanzspitze“ sagt Autor Ian Dunbar treffend über Trainingspläne zum Überwinden von Schwierigkeiten mit körperlicher Manipulation.

Was immer das Problem ist: um bei einem trainingsunerfahrenen Hund unterhalb der Reizschwelle zu bleiben und damit in den ersten Übungen einen Erfolg sicherzustellen, muss man sich zunächst weit von der eigentlichen Zielprozedur oder dem Zielkörperteil entfernen. Auf den folgenden Seiten finden Sie ein Beispiel für einen entsprechenden Trainingsplan.

Muster-Trainingsplan:

Festhalten des Kopfes, Kontrolle des Fangs

Viele Hunde mögen es gar nicht, am Kopf festgehalten zu werden, damit man ihre Ohren oder ihren Fang kontrollieren kann. Das Ziel dieses Trainingsplans ist es, dass der Hund ruhig dasitzt, während jemand seinen Kopf festhält, seine Lefzen anhebt, seine Zähne nachsieht, dann seinen Fang öffnet, ihm die Zunge herunterdrückt und in seinen Rachen schaut. Ganz schön viel verlangt.

Dieser Trainingsplan setzt voraus, dass der Hund routinemäßige Berührungen an anderen Stellen seines Körpers toleriert. Im Anschluss an den Trainingsplan folgen einige Ratschläge für Hunde, die sich nirgendwo berühren lassen (S. 109). Denken Sie daran, auf der jeweiligen Stufe zu bleiben, bis der Hund sich wirklich wohl fühlt und eine gute KER zeigt. Sie erkennen dies daran, dass der Hund bereits freudig das Leckerchen, das Sie ihm gleich geben werden, erwartet. Bei einem kleinen Hund müssen Sie auch einen Behandlungstisch als Bestandteil des Trainings einbauen: Zuerst gewöhnen Sie den Hund daran, auf einem Tisch zu sein, dann wird der Tisch einer Ihrer „Trainingsorte“. Bei mittelgroßen oder großen Hunden fangen Sie direkt mit Schritt 1 an.

Schritt 1: Legen Sie dem Hund für eine Sekunde eine Hand auf sein Hinterteil. Geben Sie ihm unmittelbar danach mit der anderen Hand ein Leckerchen, machen Sie eine Pause und wiederholen Sie das Ganze. Bauen Sie stets Pausen und längere „Leerlaufzeiten“ ein, um zu verhindern, dass Sie selbst und ihr Leckerchenbeutel für den Hund zur Ankündigung dafür werden, dass es gleich Leckerchen gibt. Üben Sie dies an mehreren unterschiedlichen Orten.

Schritt 2: Legen Sie dem Hund für fünf Sekunden eine Hand auf sein Hinterteil. Geben Sie ihm dann mit der anderen Hand ein Leckerchen, weiter wie in Schritt 1.

Schritt 3: Legen Sie dem Hund für zehn Sekunden eine Hand auf sein Hinterteil. Geben Sie ihm dann mit der anderen Hand ein Leckerchen usw.

Schritt 4: Legen Sie dem Hund für dreißig Sekunden eine Hand auf sein Hinterteil. Geben Sie ihm dann mit der anderen Hand ein Leckerchen usw.

Schritt 5: Legen Sie dem Hund für fünf Sekunden eine Hand auf seinen Rücken. Geben Sie ihm dann mit der anderen Hand ein Leckerchen usw.

Schritt 6: Legen Sie dem Hund für zehn Sekunden eine Hand auf seinen Rücken. Geben Sie ihm dann mit der anderen Hand ein Leckerchen usw.

Schritt 7: Legen Sie dem Hund für dreißig Sekunden eine Hand auf seinen Rücken. Geben Sie ihm dann mit der anderen Hand ein Leckerchen usw.

Schritt 8: Legen Sie dem Hund für fünf Sekunden eine Hand auf seinen Widerrist*. Geben Sie ihm dann mit der anderen Hand ein Leckerchen usw.

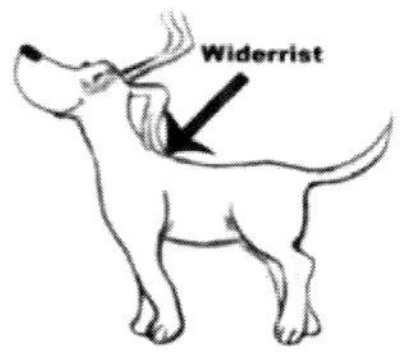

Schritt 9: Legen Sie dem Hund für zehn Sekunden eine Hand auf seinen Widerrist. Geben Sie ihm dann mit der anderen Hand ein Leckerchen usw.

Schritt 10: Legen Sie dem Hund für dreißig Sekunden eine Hand auf seinen Widerrist. Geben Sie ihm dann mit der anderen Hand ein Leckerchen usw.

Schritt 11: Legen Sie dem Hund für eine Sekunde beide Hände auf den Rücken. Nehmen Sie die Hände weg und geben Sie ihm ein Leckerchen aus der Tasche. Wiederholen, Pausen einbauen usw.

Schritt 12: Legen Sie dem Hund für fünf Sekunden beide Hände auf den Rücken. Nehmen Sie die Hände weg, geben Sie ihm ein Leckerchen usw.

Schritt 13: Legen Sie dem Hund für zehn Sekunden beide Hände auf den Rücken. Nehmen Sie die Hände weg, geben Sie ihm ein Leckerchen usw.

Schritt 14: Legen Sie dem Hund für dreißig Sekunden beide Hände auf den Rücken. Nehmen Sie die Hände weg, geben Sie ihm ein Leckerchen usw.

---

* siehe Glossar

Schritt 15:	Legen Sie dem Hund für eine Sekunde eine Hand auf den Rücken und eine auf den Widerrist. Nehmen Sie die Hände weg, geben Sie ihm ein Leckerchen usw.
Schritt 16:	Legen Sie dem Hund für fünf Sekunden eine Hand auf den Rücken und eine auf den Widerrist. Nehmen Sie die Hände weg, geben Sie ihm ein Leckerchen usw.
Schritt 17:	Legen Sie dem Hund für zehn Sekunden eine Hand auf den Rücken und eine auf den Widerrist. Nehmen Sie die Hände weg, geben Sie ihm ein Leckerchen usw.
Schritt 18:	Legen Sie dem Hund für dreißig Sekunden eine Hand auf den Rücken und eine auf den Widerrist. Nehmen Sie die Hände weg, geben Sie ihm ein Leckerchen usw.
Schritt 19:	Legen Sie dem Hund für eine Sekunde eine Hand auf den Widerrist und eine Hand hinten auf den Hals. Nehmen Sie die Hände weg usw.
Schritt 20:	Legen Sie dem Hund für fünf Sekunden eine Hand auf den Widerrist und eine Hand hinten auf den Hals. Nehmen Sie die Hände weg usw.
Schritt 21:	Legen Sie dem Hund für zehn Sekunden eine Hand auf den Widerrist und eine Hand hinten auf den Hals. Nehmen Sie die Hände weg usw.
Schritt 22:	Legen Sie dem Hund für dreißig Sekunden eine Hand auf den Widerrist und eine Hand hinten auf den Hals. Nehmen Sie die Hände weg usw.
Schritt 23:	Legen Sie dem Hund für eine Sekunde beide Hände hinten auf den Hals. Nehmen Sie die Hände weg usw.
Schritt 24:	Legen Sie dem Hund für fünf Sekunden beide Hände hinten auf den Hals. Nehmen Sie die Hände weg usw.
Schritt 25:	Legen Sie dem Hund für zehn Sekunden beide Hände hinten auf den Hals. Nehmen Sie die Hände weg usw.

Schritt 26: Legen Sie dem Hund für dreißig Sekunden beide Hände hinten auf den Hals. Nehmen Sie die Hände weg usw.

Schritt 27: Legen Sie dem Hund für eine Sekunde eine Hand auf den Kopf. Geben Sie ihm mit der anderen Hand ein Leckerchen und wiederholen dann diesen Schritt, wobei Sie Pausen einbauen usw.

Schritt 28: Legen Sie dem Hund für fünf Sekunden eine Hand auf den Kopf. Geben Sie ihm mit der anderen Hand ein Leckerchen usw.

Schritt 29: Legen Sie dem Hund für zehn Sekunden eine Hand auf den Kopf. Geben Sie ihm mit der anderen Hand ein Leckerchen usw.

Schritt 30: Legen Sie dem Hund für dreißig Sekunden eine Hand auf den Kopf. Geben Sie ihm mit der anderen Hand ein Leckerchen usw.

Schritt 31: Legen Sie dem Hund für eine Sekunde eine Hand auf den Kopf und eine Hand hinten auf den Hals. Nehmen Sie die Hände weg, geben Sie ihm ein Leckerchen usw.

Schritt 32: Legen Sie dem Hund für fünf Sekunden eine Hand auf den Kopf und eine Hand hinten auf den Hals. Nehmen Sie die Hände weg, geben Sie ihm ein Leckerchen usw.

Schritt 33: Legen Sie dem Hund für zehn Sekunden eine Hand auf den Kopf und eine Hand hinten auf den Hals. Nehmen Sie die Hände weg, geben Sie ihm ein Leckerchen usw.

Schritt 34: Legen Sie dem Hund für dreißig Sekunden eine Hand auf den Kopf und eine Hand hinten auf den Hals. Nehmen Sie die Hände weg, geben Sie ihm ein Leckerchen usw.

Schritt 35: Legen Sie dem Hund für eine Sekunde eine Hand unter sein Kinn. Geben Sie ihm mit der anderen Hand ein Leckerchen usw.

Schritt 36: Legen Sie dem Hund für fünf Sekunden eine Hand unter sein Kinn. Geben Sie ihm mit der anderen Hand ein Leckerchen usw.

Schritt 37: Legen Sie dem Hund für zehn Sekunden eine Hand unter sein Kinn. Geben Sie ihm mit der anderen Hand ein Leckerchen usw.

Schritt 38: Legen Sie dem Hund für dreißig Sekunden eine Hand unter sein Kinn. Geben Sie ihm mit der anderen Hand ein Leckerchen usw.

Schritt 39: Legen Sie dem Hund für eine Sekunde eine Hand unter sein Kinn und die andere auf seinen Kopf. Nehmen Sie die Hände weg, geben Sie ihm ein Leckerchen usw.

Schritt 40: Legen Sie dem Hund für fünf Sekunden eine Hand unter sein Kinn und die andere auf seinen Kopf. Nehmen Sie die Hände weg, geben Sie ihm ein Leckerchen usw.

Schritt 41: Legen Sie dem Hund für zehn Sekunden eine Hand unter sein Kinn und die andere auf seinen Kopf. Nehmen Sie die Hände weg, geben Sie ihm ein Leckerchen usw.

Schritt 42: Legen Sie dem Hund für dreißig Sekunden eine Hand unter sein Kinn und die andere auf seinen Kopf. Nehmen Sie die Hände weg, geben Sie ihm ein Leckerchen usw.

Schritt 43: Legen Sie dem Hund für eine Sekunde eine Hand auf den Fang. Geben Sie ihm mit der anderen Hand ein Leckerchen, Pause, wiederholen usw.

Schritt 44: Legen Sie dem Hund für fünf Sekunden eine Hand auf den Fang. Geben Sie ihm mit der anderen Hand ein Leckerchen, Pause, wiederholen usw.

Schritt 45: Legen Sie dem Hund für zehn Sekunden eine Hand auf den Fang. Geben Sie ihm mit der anderen Hand ein Leckerchen, Pause, wiederholen usw.

Schritt 46: Legen Sie dem Hund für dreißig Sekunden eine Hand auf den Fang. Geben Sie ihm mit der anderen Hand ein Leckerchen, Pause, wiederholen usw.

Schritt 47: Legen Sie dem Hund für eine Sekunde eine Hand unter sein Kinn und die andere oben auf den Fang. Nehmen Sie die Hände weg, geben Sie ihm ein Leckerchen usw.

Schritt 48: Legen Sie dem Hund für fünf Sekunden eine Hand unter sein Kinn und die andere oben auf den Fang. Nehmen Sie die Hände weg, geben Sie ihm ein Leckerchen usw.

Schritt 49: Legen Sie dem Hund für zehn Sekunden eine Hand unter sein Kinn und die andere oben auf den Fang. Nehmen Sie die Hände weg, geben Sie ihm ein Leckerchen usw.

Schritt 50: Legen Sie dem Hund für dreißig Sekunden eine Hand unter sein Kinn und die andere oben auf den Fang. Nehmen Sie die Hände weg, geben Sie ihm ein Leckerchen usw.

Schritt 51: Legen Sie dem Hund für eine Sekunde eine Hand unter sein Kinn und heben Sie mit der anderen Hand auf einer Seite sanft seine Lefze an. Nehmen Sie die Hände weg, geben Sie ihm ein Leckerchen und wiederholen Sie das Ganze abwechselnd auf beiden Seiten.

Schritt 52: Legen Sie dem Hund für fünf Sekunden eine Hand unter sein Kinn und heben Sie mit der anderen Hand auf einer Seite sanft seine Lefze an. Nehmen Sie die Hände weg, geben Sie ihm ein Leckerchen und wiederholen Sie das Ganze abwechselnd auf beiden Seiten.

Schritt 53: Legen Sie dem Hund für zehn Sekunden eine Hand unter sein Kinn und heben Sie mit der anderen Hand auf einer Seite sanft seine Lefze an. Nehmen Sie die Hände weg, geben Sie ihm ein Leckerchen und wiederholen Sie das Ganze abwechselnd auf beiden Seiten.

Schritt 54: Legen Sie dem Hund für dreißig Sekunden eine Hand unter sein Kinn und heben Sie mit der anderen Hand auf einer Seite sanft seine Lefze an. Nehmen Sie die Hände weg, geben Sie ihm ein Leckerchen und wiederholen Sie das Ganze abwechselnd auf beiden Seiten.

Schritt 55: Legen Sie dem Hund eine Hand unter sein Kinn und benutzen Sie die andere Hand, um sanft seinen Fang für eine Sekunde einen winzigen Spalt zu öffnen. Nehmen Sie die Hände weg, geben Sie ihm ein Leckerchen, Pause und Wiederholung.

Schritt 56: Legen Sie dem Hund eine Hand unter sein Kinn und benutzen Sie die andere Hand, um sanft seinen Fang für fünf Sekunden einen winzigen Spalt zu öffnen. Nehmen Sie die Hände weg, geben Sie ihm ein Leckerchen usw.

(Sollten hier Schwierigkeiten auftreten, gehen Sie etwas langsamer voran und steigern die Dauer jeweils nur um eine Sekunde).

Schritt 57: Legen Sie dem Hund eine Hand unter sein Kinn und benutzen Sie die andere Hand, um sanft seinen Fang für zehn Sekunden einen winzigen Spalt zu öffnen. Nehmen Sie die Hände weg, geben Sie ihm ein Leckerchen usw.

Schritt 58: Legen Sie dem Hund eine Hand auf seinen Fang. Öffnen Sie mit der anderen Hand sanft seinen Fang und legen Sie ihm für eine Sekunde einen Finger auf die Zunge. Nehmen Sie die Hände weg, geben Sie ihm ein Leckerchen usw.

Schritt 59: Legen Sie dem Hund eine Hand auf seinen Fang. Öffnen Sie mit der anderen Hand sanft seinen Fang und legen ihm für fünf Sekunden einen Finger auf die

Zunge. Nehmen Sie die Hände weg, geben Sie ihm ein Leckerchen usw.

Schritt 60: Legen Sie dem Hund eine Hand auf den Fang. Öffnen Sie mit der anderen Hand sanft seinen Fang und legen ihm für zehn Sekunden einen Finger auf die Zunge. Nehmen Sie die Hände weg, geben Sie ihm ein Leckerchen usw.

Stufe Zwei: Wiederholen Sie die Schritte 1 – 60 mit gesteigertem Druck.

Stufe Drei: Üben Sie die Schritte 1 – 60 mit Druck und Festhalten: Statt die Hände einfach auf bestimmte Körperstellen des Hundes zu legen, greifen Sie, wo anwendbar, das jeweilige Körperteil so, als würden Sie den Hund festhalten. Drücken Sie die Zunge etwas herunter, statt sie nur zu berühren.

Die Schritte, die wahrscheinlich am ehesten Schwierigkeiten bereiten, sind das Berühren sowie länger dauerndes Festhalten und Öffnen des Fangs.

Wenn der Hund überhaupt keine Berührungen mag

Bei einem Hund, der überhaupt nicht berührt werden mag, bestehen die ersten Schritte darin, dass Sie Ihre Hand in Richtung der Körperteile ausstrecken, die den Hund am wenigsten beunruhigen. Tun Sie dies jedoch, ohne den Hund tatsächlich zu berühren. Sobald der Hund eine glückliche KER darauf hat, dass Hände nach ihm ausgestreckt werden, beginnen Sie mit leichten, kurzen, „neutralen“ Berührungen. Steigern Sie von hier aus ganz allmählich die Dauer und Intensität. Die einzelnen Trainingsschritte sollten hierbei kleiner sein als im obigen Muster-Trainingsplan für das Kopf-Festhalten, besonders in der Anfangsphase des Programms. Das Klügste, was Sie bei jeder D&G tun können, ist es, zu Beginn des Trainingsplans die Schwierigkeit jeweils nur sehr langsam zu steigern. Besitzer, die es nicht abwarten können, zur „Problemzone“ zu kommen und deshalb die Anfangsschritte nur hastig überfliegen, können ein echtes Problem darstellen.

Operantes Konditionieren

Operante Varianten

Mit den Positionierungsübungen für Hunde, die Orte verteidigen, haben wir bereits ein Beispiel für die operante Vorgehensweise kennen gelernt. Operantes Konditionieren kann auch bei anderen Formen der Ressourcenverteidigung und bei Hunden mit Problemen bei körperlichen Berührungen eingesetzt werden. Manche Prinzipien sind gleich; vor allem, dass sowohl beim Shaping[*] als auch bei der Desensibilisierung und Gegenkonditionierung die einzelnen Schritte klein genug sein müssen, damit auf jeder Stufe des Trainingsplans ein Erfolg gewährleistet ist.

Der Unterschied (zwischen operanter und klassischer Konditionierung) ist folgender: Statt die Problemsituation in einer Form zu präsentieren, die der Hund tolerieren kann und so eine konkurrierende KER aufzubauen, wird beim operanten Konditionieren ein *Verhalten* gewählt, das sich nicht gleichzeitig mit dem Verteidigungsverhalten ausführen lässt. Für dieses Verhalten wird der Hund bestärkt.

Im Verlauf des Trainings dieser Reaktion wird die Übung in Situationen ausgeführt, die allmählich immer stärker der Originalsituation ähneln, in der das Verteidigungsverhalten ursprünglich auftrat.

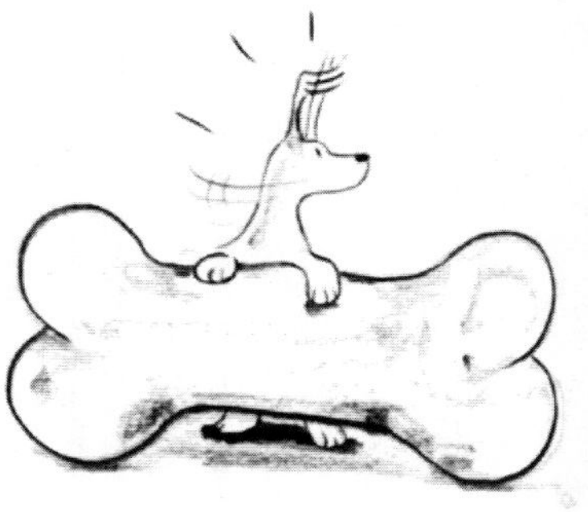

Bei einem Hund, der Knochen bewacht, hätte ein D&G-Programm es zum Ziel, eine Assoziation zwischen Annäherung, Berührung, Wegnahme des Knochens und einem Leckerchen aufzubauen. Eine operante Vorgehensweise dagegen könnte so aussehen, dass man dem Hund durch Shaping beibringt, seinen Kopf vom Knochen weg zu drehen, sobald der Besitzer sich nähert.

---

[*] siehe Glossar

Ein Hund, der Futter verteidigt, könnte auf ähnliche Weise lernen, bei Annährung des Besitzers seinen Kopf aus dem Napf zu heben, sich vom Napf zu entfernen oder sich zu setzen. Die Annäherung des Besitzers dient in diesem Fall als diskriminativer Stimulus* für das gewählte Verhalten; und nicht, wie im D&G-Aufbau, als konditionierter Stimulus*.

Bestärken wir den Hund für das Heben des Kopfes, wird er als Nebenwirkung dieser Bestärkung gleichzeitig eine KER auf unsere Annäherung entwickeln. Dies ist ein Beispiel für die Pawlowschen Begleiteffekte beim operanten Konditionieren. Bei trainingserfahrenen Hunden wird dieser Effekt deutlich sichtbar: Bestand im Training die Motivation aus positiver Verstärkung, hat der Hund für gewöhnlich eine „Yippie"-mäßige KER auf die Trainingssituation und die Signale. War dagegen die hauptsächliche Motivation der Gebrauch von Aversivmaßnahmen, wird der Hund dazu neigen, eine ängstliche, bedrückt wirkende oder unterwürfige KER gegenüber Trainingssituation und Signalen zu haben. Dieser Effekt ist auch der Grund, warum positive Verstärkung und negative Bestrafung (von denen keines den Gebrauch von Aversiva beinhaltet) zur Therapie von Hunden mit Ressourcenverteidigung empfohlen werden, während positive Bestrafung und negative Verstärkung kontraindiziert** sind.

Bei einer überwiegend operanten Therapie von Ressourcenverteidigung ist es schwer zu sagen, ob das Ergebnis eher von solchen Nebeneffekten (d. h. der Bildung einer neuen KER zur ursprünglich anders „besetzten" Situation) abhängt oder eher vom eigentlichen Formen eines Alternativ-

---

* *Anders ausgedrückt: Wenn der Besitzer sich annähert, bedeutet dies für den Hund die Chance, sich durch ein zuvor erlerntes Verhalten eine Belohnung zu verdienen. Die Annäherung des Besitzers ist somit zum Signal für dieses Verhalten (diskriminativer Stimulus) geworden – vergleichbar mit einem Hörzeichen, etwa „Sitz". Im Gegensatz hierzu wird bei Desensibilisierung und Gegenkonditionierung die Annäherung des Besitzers direkt mit angenehmen Dingen (z. B. Leckerchen) gekoppelt und löst beim Hund keine Aktion aus, sondern eine (konditionierte) emotionale Reaktion.*

** siehe Glossar

verhaltens. Übrigens kann man interessanterweise oft beobachten, dass bei gezielten D&G-Übungen bei Ressourcenverteidigung die Hunde häufig z. B. den Kopf von der Ressource wegbewegen oder sich in Erwartung der Belohnung von der Ressource entfernen, obwohl man gar nicht versucht hat, diese Verhaltensweisen zu formen. Diese operante „Gratis-Zugabe“ könnte man als Beispiel für so genanntes „Autoshaping“ erklären (was in diesem Fall einfach bedeutet, dass der Hund sich durch die Verknüpfung „Annäherung-Belohnung“ schon in die Richtung orientiert, aus der die Belohnung gleich kommen wird). Es könnte aber auch als „abergläubisches Lernen“ interpretiert werden. Dies bedeutet, das Heben des Kopfes wurde zufällig mit bestärkt und dadurch aufrechterhalten: Der Hund hat direkt vor dem Erhalt der Belohnung oft genug zufällig den Kopf gehoben, dass er sich nun verhält, als bekäme er die Belohnung für das Heben des Kopfes (statt für die Annäherung).

Potenziell hat es Vorteile, Hunde, die Ressourcen verteidigen, mit operanter Konditionierung zu therapieren. Das Risiko, dass die Reizschwelle des Hundes überschritten wird, sinkt. Für den Trainer ist es nämlich viel einfacher, zu sehen, ob ein bestimmtes Verhalten (z. B. Kopfheben oder Setzen) ausgeführt wird oder nicht, als zu erkennen, ob eine KER vorhanden ist oder nicht (denn diese kann in manchen Fällen recht subtil sein). Ein weiterer Vorteil ist etwas, das man vielleicht als „Beruhigungs-Effekt“ (ähnlich wie ein Schnuller) bezeichnen könnte: Man gibt dem Hund etwas zu tun und verändert dadurch den Kontext* der bisher so verfahrenen, von der Abwehrreaktion beherrschten, Situation. Es wird ein Neuanfang gemacht: Jetzt geht es nicht mehr um Problemsituationen, sondern um Clickertraining! Beim Formen von Verhalten mit dem Clicker gibt es viel Bestärkung und wenig Druck. Dadurch hat ein Hund, der Clickertraining schon aus einem anderen Zusammenhang kennt, bereits eine günstige KER zu diesem Training erworben, was für die Therapie sehr hilfreich sein kann.

Bei fortgeschrittenen Hunden besteht außerdem die Möglichkeit, die operante Technik der negativen Bestrafung* anzuwenden. Negative Bestrafung ist zum Beispiel das Beenden der Bestärkung oder der Trainings-Session, die für den Hund die Gelegenheit für Belohnungen bedeutet. Negative Bestärkung kann man in solchen Fällen ins Spiel

---

* siehe Glossar

bringen, in denen bereits eine starke KER vorhanden ist (entweder durch direkte D&G-Übungen oder auf operante Weise aufgebaut). Zeigt der Hund während einer Session* ein Verteidigungsverhalten, kann dieses negativ bestraft werden. Dazu markiert man zunächst das Verhalten, für das die Strafe erfolgt (zum Beispiel mit dem Wort „Schade!“), und verlässt anschließend sofort mitsamt den Leckerchen den Ort des Geschehens. Dies nennt man auch Timeout*. Dabei setzt man darauf, dass der Hund das Versiegen der wunderbaren, beständigen Leckerchenquelle schlimmer findet als die Tatsache, dass er mit seinem Verhalten erfolgreich die sich nähernde Person vertrieben hat. Fangen Sie nach ein paar Minuten Timeout von neuem an und prüfen Sie, ob der Hund jetzt besser, gleich gut oder schlechter ist. Diese Technik funktioniert nur dann, wenn der Hund in der betreffenden Situation schon ganz sicher sehr gute Leckerchen erwartet. Anderenfalls ist Ihr Weggehen für ihn gar nichts Unangenehmes. Diese Basis – dass der Hund viele gute Leckerchen im Training erwartet – kann man nur erreichen, indem man dafür sorgt, dass der Hund sehr viele entsprechende Erfahrungen macht.

Aus diesem Grund sollte diese Technik wirklich ausschließlich solchen Hunde vorbehalten bleiben, die in ihrem Trainingsprogramm schon weit fortgeschritten sind.

Genau wie bei D&G kann man verschiedene Faktoren variieren, um bestärkungswürdige Reaktionen zu erhalten. Im vorhin beschriebenen Beispiel lernt der Hund, bei Annäherung des Trainers den Kopf von seinem vormals bewachten Knochen weg zu drehen. Einfacher wäre es, man würde dazu dem Hund zunächst beibringen, den Kopf von einem weniger „besetzten“ Objekt weg zu drehen und anschließend, wenn diese Reaktion gefestigt ist, weg vom Knochen. Oder der Hund könnte zuerst lernen, den Kopf weg zu drehen, während der Trainer noch Abstand hält, und erst dann könnte die Komponente „Annäherung“ dazukommen. Wichtig ist, das Kriterium für die Bestärkung so zu wählen, dass der Hund es in jeder Trainingssession relativ leicht erfüllen kann.

Apportieren verteidigter Gegenstände

Eine elegante Einsatzmöglichkeit für das Bestärken von Alternativverhalten ist das Apportieren. Ein Hund kann nicht gleichzeitig einen Gegenstand apportieren und ihn verteidigen. Wenn Sie nicht gut im Shaping sind, eignet sich das Apportieren ausgezeichnet dazu, um Ihre Fähigkeiten zu entwickeln. Bevor Sie anfangen, tun Sie sich selbst einen Gefallen und lesen Sie ein Buch über Clickertraining, z. B. *„Positiv bestärken – sanft erziehen“* von Karen Pryor oder *„Clickertraining“* von Birgit Laser.

Nachfolgend ein kurzer Überblick über die möglichen Schritte:

- Formen Sie das Berühren eines bestimmten Balls oder Spielzeugs.
- Wenn das Berühren gut klappt, warten Sie auf Anstupsen mit der Nase oder „Knabbern“.
- Wenn Anstupsen oder Knabbern gut klappt, warten Sie auf Berührung mit dem Fang oder intensivere Berührung mit dem Fang.
- Warten Sie auf In-den-Fang-Nehmen.
- Formen Sie länger dauerndes Halten.
- Formen Sie Aufnehmen und Tragen.
- Formen Sie Tragen in Ihre Richtung.
- Formen Sie das Gehen zum Objekt, das Aufnehmen und das Tragen in Ihre Richtung. Bringen Sie dem Hund bei, dass das Objekt „Geld“ ist, mit dem er sich Clicks und Leckerchen „kaufen“ kann.

- Geben Sie dem Hund ein Hörzeichen, bevor Sie ihn das Objekt sehen lassen.
- Wenn das Verhalten gut klappt, bringen Sie dem Hund bei, dass das Verhalten nur dann funktioniert, wenn das Hörzeichen gegeben wird (d. h., Sie *löschen** das Verhalten, das der Hund spontan, also ohne Hörzeichen, zeigt).
- Üben Sie mit neuen Objekten – gehen Sie so viele Schritte zurück wie nötig, um auch hier wieder eine sichere Reaktion aufzubauen.

Dieser letzte Schritt ist es, bei dem der interessante Teil der Arbeit anfängt. Wenn der Hund zuverlässig eine Vielzahl unterschiedlicher Objekte auf Hörzeichen apportiert, geben Sie ihm einen Gegenstand, der auf Ihrer „Wird-verteidigt-Liste" ganz unten in der Wertigkeit steht. Sobald er sieht, wie Sie den Gegenstand hinlegen, geben Sie dem Hund das Hörzeichen zum Apportieren. Unabhängig davon, ob er auch nur ansatzweise etwas Ähnliches wie Apportieren zeigt, clicken Sie, geben ihm ein Leckerchen und loben ihn, als wäre er ein Genie.

Hat er nicht apportiert, kommt aber, nachdem Sie geclickt haben, zu Ihnen, um sich sein Leckerchen abzuholen, geben Sie ihm noch einmal das Signal zum Apportieren, sobald er sein Leckerchen abgeholt hat.
Was auch immer Sie tun, machen Sie auf keinen Fall irgendeine Bewegung auf das Objekt zu. Behalten Sie ein fröhliches, normales, „clicker-typisches" Benehmen bei. Halten Sie die Anforderung so niedrig, dass Sie alle fünf oder sechs Sekunden clicken und dem Hund ein Leckerchen geben können.

Versuchen Sie, kleine Verbesserungen zu formen. Diese könnten zum Beispiel darin bestehen, dass der Hund Sie gelegentlich ansieht, wenn er das Objekt in seinen Besitz genommen hat. Oder er legt den Gegenstand ab, den er von Ihnen weg trägt. Oder Sie formen sogar noch einmal das Berühren (ähnlich wie bei Ihrer Hand-Target-Übung), wenn der Hund den Gegenstand ignoriert. Wichtig ist nur, dass die ersten ein oder zwei Shaping-Sessions mit einem „geladenen" Objekt vor Bestärkung förmlich „bersten". Es ist von äußerster Wichtigkeit, dass der zuvor negativ besetzte Kontext „Hund + Person + Ressource" nun nicht mehr eine

---

* siehe Glossar

angespannte, konfrontationsgeladene Szenerie ankündigt, sondern stattdessen zur Ankündigung von Clickertraining wird; mit wenig Druck, viel Bestärkung und einem glücklichen Trainer. Nachfolgende Sessions werden viel besser gelingen.

Sollte der Hund das Objekt tatsächlich apportieren, machen Sie eine normale Apportier-Session damit. Sollten Sie auch nur den kleinsten Hinweis auf Anspannung oder Verteidigungsverhalten erkennen, während er apportiert – zum Beispiel ein zögerliches Abgeben, wenn er bei Ihnen angekommen ist – gehen Sie zurück zu leichteren Shaping-Übungen mit diesem Objekt.

In beiden Fällen gehen Sie nur dann zu einem anderen Objekt weiter, wenn er mit dem ersten „besetzten" Gegenstand genauso entspannt und zuverlässig ist wie mit den Gegenständen, die er nicht verteidigt. Dieser Fortschritt hängt sehr stark davon ab, was Sie im Tausch für den Gegenstand im Angebot haben. Suchen Sie also für die Apportierarbeit mit vormals verteidigten Objekten die allerbesten Leckerchen aus.

Wenn es keinen Fortschritt mehr gibt, sobald Sie mit den „geladenen" Objekten anfangen, können Sie versuchen, zunächst ein paar D&G-Sessions durchzuführen. Wenn Sie etwa bei Schritt 12 im Trainingsprogramm angekommen sind (erste Annäherung an ein „besetztes" Objekt), versuchen Sie ein paar Apportier-Sessions (natürlich nur, wenn Sie schon mittels Shaping das Apportieren mit nicht bewachten Objekten aufgebaut haben). Wenn Sie dann immer noch nicht weiterkommen, können Sie das Apportiertraining für diesen Fall vergessen oder allenfalls noch sehr viel später in der D&G einen neuen Versuch wagen. Eine weitere Möglichkeit besteht darin, einen Trainer zu konsultieren, der auf Shaping spezialisiert ist.

Beachten Sie, dass einige Hunde von Natur aus gern apportieren. Für sie sind Apportierspiele in sich selbst bestärkend. Dies ist nicht dasselbe wie das zuvor beschriebene geformte Apportieren. Das geformte Apportieren ist als Gegenmaßnahme bei Objektverteidigung wirkungsvoller. Formen Sie daher auch bei einem Hund, der von Natur aus apportiert, das Apportieren von Null an.

Begleitmaßnahmen, Rückfälle und Vorbeugung

Begleitmaßnahmen

Es gibt eine Reihe von indirekten Maßnahmen, die sich günstig auswirken können. So gut wie nie können diese eine direkte Desensibilisierung und Gegenkonditionierung oder korrekt ausgeführte operante Techniken ersetzen. Dennoch – sie schaden alle nicht, und möglicherweise wirken sie sich günstig auf die Therapie aus; auf jeden Fall aber auf die Lebensqualität des Hundes.

Als Erstes und Wichtigstes sollten Sie dafür sorgen, dass der Hund täglich angemessene körperliche und mentale Stimulation bekommt. Es ist mittlerweile erwiesen, dass mäßige Bewegung (aerobes Training*) den Serotoninspiegel* erhöht, was sich günstig auf unser Training auswirkt. Lassen Sie Ihren Hund gründlich von einem Tierarzt untersuchen, bevor Sie ein Bewegungsprogramm mit ihm beginnen; besonders, wenn er bisher eher ein Dasein als „Sofahund" geführt hat. Mit körperlicher Bewegung ist schon einiges gewonnen. Noch wichtiger ist es aber, den Hund auch mental auszulasten. Die meisten Familienhunde bekommen viel zu wenig Gelegenheit zum Problemlösen und zu wenig mentale Anregung. Kleine Veränderungen, die das alltägliche Umfeld des Hundes bereichern können, sind beispielsweise:

- Umgang mit anderen Hunden. Soziale Problemstellungen – also die Gestaltung von Interaktionen mit anderen Lebewesen – gehören zu den vielschichtigsten Herausforderungen überhaupt. Sie sind möglicherweise sogar der Hauptgrund dafür, dass das Gehirn so groß und komplex ist. Das Spiel mit anderen Hunden ist zudem ein gutes körperliches Training und trägt dazu bei, dass die sozialen Fähigkeiten des Hundes nicht einrosten. Wenn der Hund ein Angst- oder Aggressionsproblem mit anderen Hunden hat, sollten Sie sich zuvor an einen kompetenten Fachmann wenden.

- Spaziergänge, besonders, wenn der Hund interessante und neue Gerüche erkunden kann.

---

* siehe Glossar

- Training – das können Gehorsamsübungen sein, Kunststücke, Free-Shaping- oder andere Übungen, bei denen der Hund für Bestärkung arbeitet. Free-Shaping ist besonders wertvoll im Hinblick auf Problemlösungsfähigkeiten. Für Informationen über Free-Shaping lesen Sie *“Positiv bestärken – sanft erziehen“*.

- „Nichts-ist-umsonst“: Im täglichen Leben eines Hundes gibt es noch andere Bestärker als das Lob, Futter oder Spiel, das er von uns in Trainingssessions bekommt: Wir öffnen Türen für unsere Hunde, nehmen sie im Auto an interessante Orte mit, lassen sie aus dem Auto, wenn wir dort ankommen, machen auf Wanderwegen die Leine los, lassen sie besonders faszinierende Büsche oder Grasbüschel beschnuppern, stellen Futter- und Wassernäpfe hin, geben ihnen Kauspielzeug und massieren sie endlos. All dies können wir tun, ohne zu überlegen, welches Verhalten der Hund im Moment gerade zeigt (und damit, welches Verhalten bestärkt wird!). Wir können aber auch solche Gelegenheiten nutzen und den Hund z. B. auffordern, ein Signal zu befolgen, bevor wir eines dieser Dinge für ihn tun.

Auch Übungen zur Impulskontrolle („Selbstbeherrschung“) erweisen sich häufig als nützlich für Hunde mit Ressourcenverteidigungsverhalten. Das Perfektionieren gut generalisierter Übungen wie „Bleib“, „Runter“ oder „Lass das liegen“, Warten an Türdurchgängen und Kunststücke, die Selbstbeherrschung vom Hund erfordern (so wie das Auffangen von Leckerchen, die auf seiner Nase liegen) und die er durch positive Verstärkung lernt, sind wertvoll.

Überprüfen Sie, ob im Leben des Hundes irgendwelche Aversiva – versteckte Formen eingeschlossen – zur Anwendung kommen (und wenn ja, räumen Sie diese aus). Mit „versteckten Aversiva“ ist gemeint, dass es immer vom jeweiligen Hund abhängt, ob ein Reiz aversiv ist oder nicht: Ein schmerzunempfindlicher Hund findet einen scharfen Leinenruck vielleicht nicht aversiv, wohingegen ein Hund mit einer niedrigen Schmerzgrenze es möglicherweise schon als aversiv empfindet, an einem einfachen flachen Halsband gezogen zu werden. Sogar noch weiter verbreitet: Selbst eine erhobene Stimme oder ungeduldiges Handling kann ein sensibler Hund (d. h. ein „weiches“ Wesen) vielleicht schon als aversiv empfinden.

Ein klassisches Beispiel für versteckte Aversiva ist der falsche Gebrauch von „No Reward Markers“ (NRM) im Gehorsamstraining. Ein NRM soll eine konditionierte negative Bestrafung sein, d. h., ein Signal für den Hund, dass er durch das Verhalten, das er gerade gezeigt hat, eine Belohnung „verloren“ hat. Dieses Signal ist auf dieselbe Weise mit der Wegnahme der Belohnung gepaart wie ein Click mit der Belohnung, daher der Begriff *konditionierte* negative Bestrafung. Ein häufig verwendeter NRM ist ein kurzes „Ah-Ah!“ oder „Na!“. Obwohl dieses Geräusch seine bestrafende Wirkung durch das Koppeln mit der primären Bestrafung (Ende bzw. Wegnahme der Belohnung) bekommen soll, kann der scharfe Klang der Stimme allein für einen sensiblen Hund bereits eine direkte positive Bestrafung darstellen. In solchen Fällen empfiehlt es sich, einen neutraleren NRM zu verwenden, wie etwa „Schade!“ oder „Versuch’s noch mal“, um das im Tonfall liegende Aversive zu vermeiden.

In besonders schwerwiegenden, hartnäckigen Fällen von Ressourcenverteidigung sollten Sie die Verwendung von Psychopharmaka in Erwägung ziehen, um das D&G-Programm zu erleichtern. Sobald das

Programm abgeschlossen ist, wird das Medikament allmählich ausgeschlichen. Falls Ihr Tierarzt keine Erfahrung mit Psychopharmaka hat oder diese ungern verschreibt, nehmen Sie Kontakt mit der GTVT (Gesellschaft für Tierverhaltenstherapie e.V.) auf. Dort kann man Ihren Tierarzt beraten oder Ihnen einen auf Verhaltenstherapie spezialisierten Tierarzt für Verhaltenstherapie nennen.

Aufrechterhaltung und Rückfälle

Die meisten Fälle von Ressourcenverteidigung können mit den in diesem Buch geschilderten Techniken gelöst werden. Sobald die Übungen abgeschlossen sind, wird der Hund und den Eindruck machen, als hätte er das Problem nie gehabt. Die neue KER oder ein antrainiertes Alternativverhalten sind möglicherweise der einzige Hinweis darauf, dass der Hund jemals Ressourcen verteidigt hat. Dieser glückliche Zustand wird in den meisten Fällen jedoch nicht von Dauer sein, wenn keine Übungen zur Aufrechterhaltung gemacht werden, denn das Verhalten kann „einrosten". Die Übungen zur Aufrechterhaltung des erreichten Therapieerfolges bestehen in gelegentlichen Stichproben, die belohnt werden. Auf diese Weise wird die KER erhalten.

Ich empfehle als Erhaltungsprogramm einen wöchentlichen „Systemtest", bestehend aus einem unvorbereitetem Austausch oder dem Zugeben von Leckerchen in den Napf. Einige Hundebesitzer machen diese Spontantests seltener und haben weiterhin keine Probleme, aber ein wöchentliches Testen ist vorzuziehen. Es ist einfach, spontane Tests in die tägliche Routine des Hundes einzubauen. Zum Beispiel kann zur Fütterungzeit ein Familienmitglied sich dem fressenden Hund nähern und ein kleines Extra in seinen Napf fallen lassen. Genauso kann man Hunde für ein Überraschungsleckerchen von Möbeln und Betten schicken und begehrte Objekte gegen Essensreste eintauschen.

Wenn beim Spontantest zur Erhaltung die gewünschte KER deutlich ist und keine Verteidigungsreaktion auftritt, ist alles in Ordnung. Sollten Sie aber nur die kleinste Anspannung oder das geringste Verteidigungsverhalten bemerken, behandeln Sie dies wie einen echten Rückfall. Zum Glück geht es erheblich schneller, einen Rückfall wieder in Ordnung zu bringen, als das Verteidigen von Grund auf zu therapieren. Die gründlichste Vorgehensweise ist folgende:

Das gesamte Trainingsprogramm wird erneut durchlaufen, wobei man an einem Punkt beginnt, an dem der Hund kein Verteidigungsverhalten zeigt. Allerdings genügen – anders als im anfänglichen Training – häufig eine oder zwei Wiederholungen pro Schritt. Was beim ersten Mal vielleicht wochenlang gedauert hat, ist jetzt in einer kurzen Session erledigt. Sobald der Hund wieder auf der Stufe erfolgreich ist, auf der das Problem auftrat, machen Sie eine Woche lang tägliche spontane Stichproben, um sicherzugehen, dass die Auffrischungsübungen Wirkung gezeigt haben. Hunde, die offenbar zu Rückfällen neigen, sollten durch häufigere spontane Tests auf dem erreichten Stand gehalten werden. Ich empfehle, diese einmal täglich durchzuführen.

Bei einer anderen Form von Rückfällen tritt das Verteidigungsverhalten plötzlich bei einer neuen Person wieder auf. Manchmal ist dies ein Zeichen dafür, dass der Hund nicht vollständig sozialisiert ist und daher schon die Nähe einer bestimmten Person an sich als bedrohlich empfindet. Eine sorgfältige Betrachtung der Vorgeschichte gibt normalerweise Aufschluss darüber, ob dies der Fall ist. Wenn ja, haben Sie folgende Möglichkeiten: entweder striktes Management, wenn Menschen dieser Kategorie sich in der Nähe des Hundes aufhalten und Ressourcen im Spiel sind, oder die Behandlung des zugrunde liegenden Sozialisierungs-Defizits. In manchen Fällen ist das Unbehagen des Hundes so stark, dass die Umsicht es gebietet, therapeutisch gegen dieses Problem vorzugehen.
Sind weder Angst noch Abneigung dieser speziellen Person (oder diesem Personentyp) gegenüber die Ursache, ist es das Beste, diese Person für ein paar Übungen zu rekrutieren, wenn sie dazu bereit ist. Vielen Menschen ist es extrem unangenehm, Helfer zu rekrutieren, aber ich kann jedem Trainer nur raten, von dieser wertvollen Gelegenheit, das Training zu festigen, Gebrauch zu machen, wann immer sie sich bietet. Eine (wenngleich weniger erstrebenswerte) Alternative besteht darin, in solchen Fällen Management anzuwenden. Dies ist eine Ausweichmöglichkeit für den Fall, dass man keine Helfer findet.

Vorbeugung

Vorbeugende körperliche Berührungsübungen

Die meisten erwachsenen Hunde, die Ressourcen verteidigen oder Probleme mit körperlichen Berührungen haben, zeigten dies als Welpen nicht. Es ist daher klug, umfangreiche Vorbeugungsmaßnahmen durchzuführen. *Jeder* Welpe sollte systematisch am ganzen Körper auf angenehme Weise berührt, gebürstet, am Rumpf und am Kopf festgehalten, untersucht, abgetastet und geknufft werden, und zwar von einer großen Vielfalt von Menschen, besonders von Kindern.

Dabei sollte alles getan werden, um eine positive KER zu schaffen, indem man diese Maßnahmen mit schmackhaften Leckerchen, Spiel und Lob koppelt. Es hat große Ähnlichkeit mit D&G in sehr schnellem Tempo. Sollte sich der Welpe bei einer bestimmten Prozedur oder einem bestimmten Körperteil ängstlich oder zurückhaltend zeigen, ist gesteigerte Aufmerksamkeit ein Muss. Kehren Sie diese Signale nicht unter den Teppich in der Hoffnung, der Welpe werde sich mit dem Alter spontan bessern. Für einen Welpen mit Unbehagen bei körperlicher Berührung gibt es nichts Wichtigeres, als dieses Unbehagen vollständig zu überwinden.

Es gibt keine Entschuldigung dafür, wenn die *erste* Erfahrung eines Hundes mit dem Tierarzt, Hundefriseur, Baden oder kleinen Kinderhänden eine schlechte ist. *Erste Eindrücke sind extrem stark.* Arrangieren Sie es so, dass die ersten Erfahrungen immer *gut* sind. Das kann bedeuten, Termine beim Tierarzt und Hundefriseur zu planen, um sich einfach nur dort aufzuhalten, Leute zu treffen, getätschelt zu werden und Leckerchen zu bekommen. Wenn der Welpe dann für Untersuchungen und Impfungen zum Tierarzt geht, wird er auf den Berührungs-Teil durch Übungen vorbereitet sein und auf den Ort durch die netten Ausflüge dorthin.

Gezielte Vorbeugemaßnahmen gegen Verteidigungsverhalten

Einige geeignete Maßnahmen, die man bei Welpen und allen nicht verteidigenden erwachsenen Hunden anwenden kann, um einem Verteidigungsverhalten vorzubeugen, sind:

- Kauknochen und Knochen tauschen: Identisch mit den spontanen Tests für Hunde, die das Trainingsprogramm gegen Ressourcenverteidigung durchlaufen haben. Regelmäßiges stichprobenartiges Eintauschen gegen schmackhafte Leckerchen ist die beste Vorbeugemaßnahme gegen Objektverteidigung. Alle Familienmitglieder sollten sich beteiligen.

- Extras in den Futternapf: Während der Hund frisst, nähern Sie sich ihm und geben Sie ihm ein Extra, das schmackhafter ist als das, was sich in seinem Napf befindet. Dieses Extra kann einfach in den Napf fallen gelassen werden, oder man kann den Napf wegnehmen, das Extra hineinlegen und dem Hund den Napf zurückgeben. Ideal ist es, zwischen diesen Aktionen abzuwechseln. Auch hier sollten sich alle Familienmitglieder beteiligen.

- Kauknochen und Knochen teilen: Setzen Sie sich auf den Boden und halten Sie einen Büffelhautknochen für den Hund fest, während er daran kaut. Viele Hunde schätzen diese zusätzliche Bequemlichkeit. Noch besser: Berühren Sie den Hund mit Ihrer freien Hand, während er kaut.

- Vorausschauendes Handeln/Situationsbewusstsein: Versuchen Sie, auf Spaziergängen rechtzeitig herumliegenden Müll wie Fastfood-Verpackungen und Essensreste zu entdecken, damit Sie niemals dazu gezwungen sind, dem Hund wirklich faszinierende Sachen wegnehmen zu müssen, die Sie ihm nicht zurück geben können.

- Konditionierung der Beißhemmung bei Welpen: Es ist besser, Welpen zu lehren, im Spiel *sanft* zu beißen statt ihnen beizubringen, im Spiel überhaupt nicht zu beißen. Für weitere Informationen lesen Sie die Bücher von Dr. Ian Dunbar und besuchen Sie mit Ihrem Welpen eine seriöse, gut geführte Welpengruppe.

Anhänge

Die folgenden beiden Trainingspläne sind Abänderungen von Gina Phairas'* Trainingsplänen. Der erste besteht aus einer Reihe von Shaping-Schritten zur Verhaltensänderung mittels operanter Konditionierung für Hunde, die Futter verteidigen. Der zweite (für Handscheuheit) wurde für einen bestimmten Hund erstellt. Dieser Hund war bereits auf den Clicker konditioniert, und daher wurde das Clickertraining mit einbezogen. Der Trainingsplan würde ohne Clicker ebenso gut funktionieren.

---

* ***Gina Phairas:*** *Ausbildungskoordinatorin an der SF/SPCA, an der sie auch selbst unterrichtet. Sie arbeitet außerdem als Verhaltenstherapeutin und berät Tierheime in Verhaltensfragen.*

Anhang I:

Bestärken von Alternativverhalten bei Hunden, die den Napf verteidigen

Vorbereitende Übungen zur Impulskontrolle

Bauen Sie folgendes auf:

- ein automatisches Sitz-Bleib, sobald der leere Futternapf präsentiert wird. Das Zeigen des leeren Napfes wird für den Hund zum Signal für das Sitz-Bleib

- „Okay“ als Freigabe-Wort aus dem Bleib

- einen „No-Reward-Marker“ (etwa „Schade“), um dem Hund zu signalisieren, dass keine Belohnung kommt, wenn er das „Bleib“ nicht einhält.

- Üben Sie das automatische Sitz-Bleib auch mit *Bewegung des Trainers* als Signal, anschließend auch mit Bewegung *des Futternapfes* ein, so dass es sicher klappt.

Trainingsplan

1. Steigern Sie die Zeit, in der Sie den leeren Futternapf präsentieren; d. h. stellen Sie den Napf auf den Boden und halten Sie ihn dabei noch fest, bevor Sie den Hund für das Sitzen belohnen.

2. Nehmen Sie die Hand für eine bis zwei Sekunden weg und berühren Sie dann den Napf erneut, bevor Sie den Hund für das Sitzen belohnen.

3. Nehmen Sie die Hand weg und machen Sie einen Schritt rückwärts, dann nähern Sie sich wieder und berühren erneut den Napf, bevor Sie den Hund für das Sitzen belohnen.

4. Der Futternapf steht ab jetzt gleich zu Beginn der Session beim Hund – belohnen Sie automatisches Setzen bei Ihrer Annäherung (evtl. müssen Sie dem Hund dazu anfangs mit einem Wort, z. B. „*Sitz*“, helfen).

5. Nähern Sie sich dem Napf an, nehmen Sie ihn weg und stellen Sie ihn wieder hin, bevor Sie den Hund für das Sitz belohnen.

   Beachten Sie bitte: Wenn der Hund keine Probleme mit körperlicher Berührung hat, fahren Sie mit Schritt 6 fort. Sind Berührungsprobleme vorhanden, müssen diese behandelt werden, bevor Sie im Programm weiter gehen können.

6. Berühren Sie in der Nähe des Futternapfes den Körper des Hundes.

7. Nähern Sie sich dem Hund und berühren Sie ihn, bevor Sie ihn für das Sitzen belohnen.

8. Nähern Sie sich dem Hund und hantieren Sie mit ihm herum, bevor Sie ihn für das Sitzen belohnen.

9. Generalisierung und andere Absicherungsvarianten nach Wunsch

10. Erhaltung durch belohnte Stichproben während der Mahlzeiten.

Checkliste für Schwierigkeitsgrade, die durchlaufen werden sollten:

- Leerer Futternapf, Hund angebunden, satt (nach der Fütterung)
- Leerer Futternapf, Hund angebunden, hungrig
- Trockenfutter, Hund angebunden, satt
- Mix aus Trocken- und Nassfutter, Hund angebunden, satt
- Trockenfutter, Hund angebunden, hungrig
- Mix aus Trocken- und Nassfutter, Hund angebunden, hungrig
- Leerer Futternapf, Hund nicht angebunden, hungrig
- Trockenfutter, Hund nicht angebunden, hungrig
- Mix aus Trocken- und Nassfutter, Hund nicht angebunden, hungrig.

Denken Sie bitte unbedingt daran, das Futter im Napf immer mit einer deutlich höherwertigen Belohnung zu übertrumpfen. Schwierige Punkte, etwa der Übergang vom leeren Napf zu Trockenfutter im Napf oder vom Trockenfutter zu schmackhafterem Futter, können wie folgt gemeistert werden:

- Steigerung des prozentualen Nass-/Trockenfutteranteils in kleineren Schritten
- Sorgfältigeres Abstimmen des Sättigungszustands des Hundes

Anhang II:

Trainingsplan für das Handling bei schwerwiegender Handscheuheit

Arbeiten Sie im Sitzen und vermeiden Sie jede unnötige Bewegung. Gehen Sie nicht von einem Schritt zum nächsten weiter, bevor der Hund auf der aktuellen Stufe eine sichere „Yippie-Reaktion" zeigt. Denken Sie daran, dass diese „Yippie-Reaktion" von Hund zu Hund ganz unterschiedlich ausfallen kann.

1. Heben Sie langsam die rechte Hand zehn Zentimeter von Ihrer rechten Körperseite, C/T* (werfen Sie das Leckerchen oder lassen Sie es fallen)

2. Heben Sie langsam die rechte Hand zehn Zentimeter von Ihrer linken Körperseite, C/T

3. Heben Sie langsam die rechte Hand fünfzehn Zentimeter von Ihrer rechten Körperseite, C/T

4. Heben Sie langsam die rechte Hand fünfzehn Zentimeter von Ihrer linken Körperseite, C/T

5. Heben Sie langsam die linke Hand zehn Zentimeter von Ihrer rechten Körperseite, C/T

---

* siehe Glossar

6. Heben Sie langsam die linke Hand zehn Zentimeter von Ihrer linken Körperseite, C/T

7. Heben Sie langsam die linke Hand fünfzehn Zentimeter von Ihrer rechten Körperseite, C/T

8. Heben Sie langsam die linke Hand fünfzehn Zentimeter von Ihrer linken Körperseite, C/T

9. Heben Sie langsam die rechte Hand zehn Zentimeter gerade nach oben, C/T

10. Heben Sie langsam die rechte Hand fünfzehn Zentimeter gerade nach oben, C/T

11. Heben Sie langsam die linke Hand zehn Zentimeter gerade nach oben, C/T

12. Heben Sie langsam die linke Hand fünfzehn Zentimeter gerade nach oben, C/T

13. Heben Sie langsam die linke Hand über Ihren Kopf, C/T

14. Heben Sie die rechte bzw. die linke Hand in zufälliger Reihenfolge aus verschiedenen Richtungen, C/T nach jedem Handheben

15. Heben Sie die Hand aus verschiedenen Richtungen und erhöhen Sie dabei langsam die Geschwindigkeit des Handhebens

16. *Stichprobenartiges Handheben aus allen Richtungen*

17. Strecken Sie Ihre Hand in Richtung Gesicht des Hundes aus und bringen Sie sie bis auf fünfzehn Zentimeter neben seinen Kopf (erst rechts, dann links), C/T

18. Strecken Sie Ihre Hand in Richtung Hundegesicht aus und führen Sie sie bis auf zehn Zentimeter neben seinen Kopf (erst rechts, dann links), C/T

19. Strecken Sie Ihre Hand in Richtung Hundegesicht aus und führen Sie sie bis auf fünf Zentimeter neben seinen Kopf (erst rechts, dann links), C/T

20. Strecken Sie Ihre Hand in Richtung Hundegesicht aus und führen Sie sie bis auf drei Zentimeter neben seinen Kopf (erst rechts, dann links), C/T

21. Strecken Sie Ihre Hand in Richtung Hundegesicht aus und berühren Sie dieses eine Sekunde lang (erst rechts, dann links), C/T

22. *Stichprobenartige Berührungen des Hundegesichtes*

23. Bewegen Sie Ihre Hand bis auf fünfzehn Zentimeter an das Kinn des Hundes heran, C/T

24. Bewegen Sie Ihre Hand bis auf drei Zentimeter an das Kinn des Hundes heran, C/T

25. Bewegen Sie Ihre Hand unter das Kinn des Hundes und berühren Sie es eine Sekunde lang

26. Bewegen Sie Ihre Hand an das Kinn des Hundes und berühren Sie es zwei Sekunden lang, C/T

27. *Stichprobenartige Berührungen des Hundekinns*

28. Greifen Sie in Richtung Halsband* und bringen Sie Ihre Hand bis auf fünfzehn Zentimeter heran, C/T (Annäherungen aus unterschiedlichen Richtungen)

29. Greifen Sie in Richtung Halsband und bringen Sie Ihre Hand bis auf zehn Zentimeter heran, C/T (Annäherungen aus unterschiedlichen Richtungen)

---

* trägt der Hund normalerweise kein Halsband, sondern ein Brustgeschirr, wandeln Sie diesen und die folgenden Schritte sinngemäß ab.

30. Greifen Sie in Richtung Halsband und bringen Sie Ihre Hand bis auf drei Zentimeter heran, C/T (Annäherungen aus unterschiedlichen Richtungen)

31. Berühren Sie eine Sekunde lang das Halsband, C/T (Annäherungen aus unterschiedlichen Richtungen)

32. Berühren Sie zwei Sekunden lang das Halsband, C/T (Annäherungen aus unterschiedlichen Richtungen)

33. *Stichprobenartige Berührungen des Halsbands*

34. Nehmen Sie die Leine in die Hand und bringen Sie diese bis auf fünfzehn Zentimeter an das Halsband heran, C/T (Annäherungen aus unterschiedlichen Richtungen)

35. Nehmen Sie die Leine in die Hand und bringen Sie diese bis auf zehn Zentimeter an das Halsband heran, C/T (Annäherungen aus unterschiedlichen Richtungen)

36. Nehmen Sie die Leine in die Hand und bringen Sie diese bis auf drei Zentimeter an das Halsband heran, C/T (Annäherungen aus unterschiedlichen Richtungen)

37. Berühren Sie eine Sekunde lang das Halsband mit der Leine (Leine nicht festmachen), C/T (Annäherungen aus unterschiedlichen Richtungen)

38. Berühren Sie zwei Sekunden lang das Halsband mit der Leine (Leine nicht festmachen), C/T (Annäherungen aus unterschiedlichen Richtungen)

39. *Stichprobenartige Berührungen des Halsbands mit der Leine*

40. Machen Sie die Leine am Halsband fest, C/T, machen Sie danach die Leine sofort wieder los

41. Machen Sie die Leine für eine Sekunde fest, C/T

42. Machen Sie die Leine für zwei Sekunden fest, C/T

43. Machen Sie die Leine für drei Sekunden fest, C/T

44. Machen Sie die Leine für fünf Sekunden fest, C/T

45. Stichprobenartiges Befestigen der Leine

46. Beginnen Sie aus sitzender Position aufzustehen und gehen Sie ein Viertel der Strecke auf den Hund zu; halten Sie dort an, C/T*

47. Beginnen Sie aus sitzender Position aufzustehen und halten Sie auf halbem Weg an, C/T*

48. Beginnen Sie aus sitzender Position aufzustehen und halten Sie auf drei Vierteln des Weges an, C/T*

49. Stehen Sie aus sitzender Position langsam auf, C/T*

50. Stehen Sie aus sitzender Position schneller auf, C/T*

51. *Stichprobenartiges Aufstehen aus sitzender Position**

52. Beugen Sie sich aus stehender Position zum Hund hinüber, C/T*

53. Bewegen Sie aus stehender Position einen Fuß fünfzehn Zentimeter auf den Hund zu, C/T (aus unterschiedlichen Richtungen)*

54. Bewegen Sie einen Fuß auf den Hund zu, C/T (aus unterschiedlichen Richtungen)*

55. Machen Sie einen ganzen Schritt auf den Hund zu, C/T (aus unterschiedlichen Richtungen)*

56. Machen Sie zwei Schritte auf den Hund zu, C/T (aus unterschiedlichen Richtungen)*

---

* Der Hund kann seinen Aufenthaltsort im Raum selbst bestimmen.

57. Machen Sie drei Schritte auf den Hund zu, C/T
(aus unterschiedlichen Richtungen)*

58. Machen Sie vier Schritte auf den Hund zu, C/T
(aus unterschiedlichen Richtungen)*

59. *Stichprobenartige Annäherungen**

60. Gehen Sie aus einer Entfernung von dreißig Zentimetern auf den Hund zu und strecken Sie Ihre Hand in seine Richtung aus, bis auf dreißig Zentimeter an sein Gesicht heran, C/T

61. Gehen Sie aus einer Entfernung von dreißig Zentimetern auf den Hund zu und strecken Sie Ihre Hand in seine Richtung aus, bis auf fünfzehn Zentimeter an sein Gesicht heran, C/T

62. Gehen Sie aus einer Entfernung von dreißig Zentimetern auf den Hund zu und strecken Sie Ihre Hand in seine Richtung aus, bis auf zehn Zentimeter an sein Gesicht heran, C/T

63. Gehen Sie aus einer Entfernung von dreißig Zentimetern auf den Hund zu und strecken Sie Ihre Hand in seine Richtung aus, bis auf fünf Zentimeter an sein Gesicht heran, C/T

64. Gehen Sie aus einer Entfernung von dreißig Zentimetern auf den Hund zu und strecken Sie Ihre Hand in seine Richtung aus, bis auf drei Zentimeter an sein Gesicht heran, C/T

65. Gehen Sie aus einer Entfernung von dreißig Zentimetern auf den Hund zu und berühren Sie sein Gesicht, C/T

66. *Stichprobenartiges Berühren des Gesichtes bei einer Annäherung aus dreißig* Zentimetern

67. Gehen Sie aus einer Entfernung von einem Meter auf den Hund zu und strecken Sie Ihre Hand in seine Richtung aus, bis auf dreißig Zentimeter an sein Gesicht heran, C/T

---

* Der Hund kann seinen Aufenthaltsort im Raum selbst bestimmen.

68. Gehen Sie aus einer Entfernung von einem Meter auf den Hund zu und strecken Sie Ihre Hand in seine Richtung aus, bis auf fünfzehn Zentimeter an sein Gesicht heran, C/T

69. Gehen Sie aus einer Entfernung von einem Meter auf den Hund zu und strecken Sie Ihre Hand in seine Richtung aus, bis auf zehn Zentimeter an sein Gesicht heran, C/T

70. Gehen Sie aus einer Entfernung von einem Meter auf den Hund zu und strecken Sie Ihre Hand in seine Richtung aus, bis auf fünf Zentimeter an sein Gesicht heran, C/T

71. Gehen Sie aus einer Entfernung von einem Meter auf den Hund zu und strecken Sie Ihre Hand in seine Richtung aus, bis auf drei Zentimeter an sein Gesicht heran, C/T

72. Gehen Sie aus einer Entfernung von einem Meter auf den Hund zu und berühren Sie sein Gesicht, C/T

73. *Stichprobenartiges Berühren des Gesichtes bei einer Annäherung aus einem Meter*

74. Gehen Sie aus einer Entfernung von anderthalb Metern auf den Hund zu und strecken Sie Ihre Hand in seine Richtung aus, bis auf dreißig Zentimeter an sein Gesicht heran, C/T

75. Gehen Sie aus einer Entfernung von anderthalb Metern auf den Hund zu und strecken Sie Ihre Hand in seine Richtung aus, bis auf fünfzehn Zentimeter an sein Gesicht heran, C/T

76. Gehen Sie aus einer Entfernung von anderthalb Metern auf den Hund zu und strecken Sie Ihre Hand in seine Richtung aus, bis auf zehn Zentimeter an sein Gesicht heran, C/T

77. Gehen Sie aus einer Entfernung von anderthalb Metern auf den Hund zu und strecken Sie Ihre Hand in seine Richtung aus, bis auf fünf Zentimeter an sein Gesicht heran, C/T

78. Gehen Sie aus einer Entfernung von anderthalb Metern auf den Hund zu und strecken Sie Ihre Hand in seine Richtung aus, bis auf drei Zentimeter an sein Gesicht heran, C/T

79. Gehen Sie aus einer Entfernung von anderthalb Metern auf den Hund zu und berühren Sie sein Gesicht, C/T

80. *Stichprobenartiges Berühren des Gesichtes bei einer Annäherung aus anderthalb Metern*

81. Gehen Sie aus einer Entfernung von dreißig Zentimetern auf den Hund zu und strecken Sie Ihre Hand in seine Richtung aus, bis auf dreißig Zentimeter an sein Halsband heran, C/T

82. Gehen Sie aus einer Entfernung von dreißig Zentimetern auf den Hund zu und strecken Sie Ihre Hand in seine Richtung aus, bis auf fünfzehn Zentimeter an sein Halsband heran, C/T

83. Gehen Sie aus einer Entfernung von dreißig Zentimetern auf den Hund zu und strecken Sie Ihre Hand in seine Richtung aus, bis auf zehn Zentimeter an sein Halsband heran, C/T

84. Gehen Sie aus einer Entfernung von dreißig Zentimetern auf den Hund zu und strecken Sie Ihre Hand in seine Richtung aus, bis auf fünf Zentimeter an sein Halsband heran, C/T

85. Gehen Sie aus einer Entfernung von dreißig Zentimetern auf den Hund zu und strecken Sie Ihre Hand in seine Richtung aus, bis auf drei Zentimeter an sein Halsband heran, C/T

86. Gehen Sie aus einer Entfernung von dreißig Zentimetern auf den Hund zu und berühren Sie sein Halsband, C/T

87. *Stichprobenartiges Berühren des Halsbandes bei einer Annäherung aus dreißig* Zentimetern

88. Gehen Sie aus einer Entfernung von einem Meter auf den Hund zu und strecken Sie Ihre Hand in seine Richtung aus, bis auf dreißig Zentimeter an sein Halsband heran, C/T

89. Gehen Sie aus einer Entfernung von einem Meter auf den Hund zu und strecken Sie Ihre Hand in seine Richtung aus, bis auf fünfzehn Zentimeter an sein Halsband heran, C/T

90. Gehen Sie aus einer Entfernung von einem Meter auf den Hund zu und strecken Sie Ihre Hand in seine Richtung aus, bis auf zehn Zentimeter an sein Halsband heran, C/T

91. Gehen Sie aus einer Entfernung von einem Meter auf den Hund zu und strecken Sie Ihre Hand in seine Richtung aus, bis auf fünf Zentimeter an sein Halsband heran, C/T

92. Gehen Sie aus einer Entfernung von einem Meter auf den Hund zu und strecken Sie Ihre Hand in seine Richtung aus, bis auf drei Zentimeter an sein Halsband heran, C/T

93. Gehen Sie aus einer Entfernung von einem Meter auf den Hund zu und berühren Sie sein Halsband, C/T

94. *Stichprobenartiges Berühren des Halsbandes bei einer Annäherung aus einem Meter*

95. Gehen Sie aus einer Entfernung von anderthalb Metern auf den Hund zu und strecken Sie Ihre Hand in seine Richtung aus, bis auf dreißig Zentimeter an sein Halsband heran, C/T

96. Gehen Sie aus einer Entfernung von anderthalb Metern auf den Hund zu und strecken Sie Ihre Hand in seine Richtung aus, bis auf fünfzehn Zentimeter an sein Halsband heran, C/T

97. Gehen Sie aus einer Entfernung von anderthalb Metern auf den Hund zu und strecken Sie Ihre Hand in seine Richtung aus, bis auf zehn Zentimeter an sein Halsband heran, C/T

98. Gehen Sie aus einer Entfernung von anderthalb Metern auf den Hund zu und strecken Sie Ihre Hand in seine Richtung aus, bis auf fünf Zentimeter an sein Halsband heran, C/T

99. Gehen Sie aus einer Entfernung von anderthalb Metern auf den Hund zu und strecken Sie Ihre Hand in seine Richtung aus, bis auf drei Zentimeter an sein Halsband heran, C/T

100. Gehen Sie aus einer Entfernung von anderthalb Metern auf den Hund zu und berühren Sie sein Halsband, C/T

101. *Stichprobenartiges Berühren des Halsbandes bei einer Annäherung aus anderthalb Metern*

102. Gehen Sie aus einer Entfernung von einem Meter auf den Hund zu und strecken Sie die Hand mit der Leine nach ihm aus; bis auf dreißig Zentimeter an sein Halsband heran, C/T

103. Gehen Sie aus einer Entfernung von einem Meter auf den Hund zu und strecken Sie die Hand mit der Leine nach ihm aus; bis auf fünfzehn Zentimeter an sein Halsband heran, C/T

104. Gehen Sie aus einer Entfernung von einem Meter auf den Hund zu und strecken Sie die Hand mit der Leine nach ihm aus; bis auf zehn Zentimeter an sein Halsband heran, C/T

105. Gehen Sie aus einer Entfernung von einem Meter auf den Hund zu und strecken Sie die Hand mit der Leine nach ihm aus; bis auf fünf Zentimeter an sein Halsband heran, C/T

106. Gehen Sie aus einer Entfernung von einem Meter auf den Hund zu und strecken Sie die Hand mit der Leine nach ihm aus; bis auf drei Zentimeter an sein Halsband heran, C/T

107. Gehen Sie aus einer Entfernung von einem Meter auf den Hund zu und berühren Sie sein Halsband mit der Leine, C/T

108. Gehen Sie aus einer Entfernung von einem Meter auf den Hund zu und machen Sie die Leine an seinem Halsband fest, C/T

109. *Stichprobenartiges Festmachen der Leine aus einer Entfernung von einem Meter*

110. Gehen Sie aus einer Entfernung von anderthalb Metern auf den Hund zu und strecken Sie die Hand mit der Leine nach ihm aus; bis auf dreißig Zentimeter an sein Halsband heran, C/T

111. Gehen Sie aus einer Entfernung von anderthalb Metern auf den Hund zu und strecken Sie die Hand mit der Leine nach ihm aus; bis auf fünfzehn Zentimeter an sein Halsband heran, C/T

112. Gehen Sie aus einer Entfernung von anderthalb Metern auf den Hund zu und strecken Sie die Hand mit der Leine nach ihm aus; bis auf zehn Zentimeter an sein Halsband heran, C/T

113. Gehen Sie aus einer Entfernung von anderthalb Metern auf den Hund zu und strecken Sie die Hand mit der Leine nach ihm aus; bis auf fünf Zentimeter an sein Halsband heran, C/T

114. Gehen Sie aus einer Entfernung von anderthalb Metern auf den Hund zu und strecken Sie die Hand mit der Leine nach ihm aus; bis auf drei Zentimeter an sein Halsband heran, C/T

115. Gehen Sie aus einer Entfernung von anderthalb Metern auf den Hund zu und berühren Sie sein Halsband mit der Leine, C/T

116. Gehen Sie aus einer Entfernung von anderthalb Metern auf den Hund zu und machen Sie die Leine an seinem Halsband fest, C/T

117. *Stichprobenartiges Festmachen der Leine aus einer Entfernung von anderthalb Metern*

118. Generalisierung und Erhaltung

Glossar

aerobes Training: mäßige Bewegung, so dass die Muskulatur mit genügend Sauerstoff versorgt wird (im Gegensatz zum anaeroben Training, bei dem die Muskeln durch sehr intensive Bewegung nicht genügend mit Sauerstoff versorgt werden, was zu Muskelkater führt)

Akademie: Wenn in diesem Buch von der Akademie die Rede ist, ist die „San Francisco SPCA Academy for Dog Trainers" (abgekürzt SF/SPCA) gemeint. Dieses Institut wurde 1999 in San Francisco gegründet. Hier können Menschen, die beruflich mit Hunden zu tun haben, ein fundiertes Wissen über Hundeverhalten und -Ausbildung erwerben. Es ist auch ein Tierheim angeschlossen.
Internetadresse: www.sfspca.org (in englischer Sprache)

aversiv: Unlust erzeugend, als unangenehm empfunden

Aversiva: Unlust (z. B. Schmerzen, Übelkeit, Angst) verursachende Reize. Üblicherweise lösen sie eine Vermeidungsreaktion aus.

Barrierenfrustration: Frustration, die dadurch entsteht, dass der Hund hoch motiviert ist, zu etwas/jemandem zu gelangen (z. B. um es/ihn zu beschnuppern), ihm dies jedoch physisch unmöglich gemacht wird.
Ein typisches Beispiel sind (ansonsten freundliche) Hunde, die hinter Zäunen oder in Zwingern bellen.

C/T: Kürzel für „Click & Treat" (englisch = Click & Leckerchen)

D&G: Abkürzung für Desensibilisierung & Gegenkonditionierung (siehe im entsprechenden Kapitel)

diskriminativer Stimulus: Ein Reiz, der dem Hund „mitteilt", dass sich ein bestimmtes Verhalten nun lohnt.
Beispiel: Kein Familienmitglied gibt dem Hund Futter, wenn er bei Tisch bettelt. Die Schwiegermutter jedoch kann dem Betteln nicht widerstehen. Damit wird die Schwiegermutter zum diskriminativen Stimulus: Sitzt sie bei einer Mahlzeit mit am Tisch, weiß der Hund, dass sich Betteln nun lohnt. Sehr wahrscheinlich wird er auch nur bei der Schwiegermutter betteln, nicht bei den anderen Familienmitgliedern.
Formen: deutsch für „Shaping" – siehe dort

KER: Abkürzung für Konditionierte Emotionale Reaktion

Kevlar®: Markenname für Aramidfasern. Diese zeichnen sich durch sehr hohe mechanische Widerstandskraft, Schwingungsdämpfung und Beständigkeit gegenüber Säuren, Laugen sowie Feuer und extremer Hitze. Aus diesem Material werden u. a. Schnittschutzhandschuhe hergestellt.

Klassische Konditionierung: Ein bislang neutraler (=bedeutungsloser) Reiz erhält durch das Koppeln mit einem „bedeutungsvollen" Reiz ebenfalls eine „Bedeutung". Entdeckt durch den russischen Wissenschaftler Iwan Pawlow (siehe dort).

konditionierter Stimulus: Ein Reiz, der beim Hund durch vorheriges wiederholtes Koppeln mit einem anderen Reiz, einen Reflex auslöst. *Beispiel: Das Geräusch einer Glocke wurde mehrfach mit einer Futtergabe gekoppelt. Als Folge löst bereits der Glockenton allein (ohne Anwesenheit von Futter) einen Speichelreflex beim Hund aus.*

Kong®: Vollgummi-Hundespielzeug, innen hohl und an einer Seite offen. Kongs sind gut geeignet, um sie mit Essbarem zu füllen, das sich der Hund anschließend „heraus arbeiten" kann. Im Internet findet man hierzu zahlreiche Rezepte.

Kontext (=Zusammenhang): Alles, was für eine bestimmte Situation typisch ist. Dazu können verschiedenste Faktoren gehören, z. B. Tageszeit, Ort, Gerüche, Kleidung und Verhalten des Besitzers oder anderer anwesender Personen und vieles mehr.

kontraindiziert (von lateinisch contra = gegen und indicare = anzeigen): „gegenangezeigt". Von kontraindiziert spricht man, wenn etwas gegen eine Maßnahme spricht, weil durch diese ein Schaden zu erwarten ist. *Beispiel: Ein Patient reagiert allergisch auf einen Wirkstoff. Medikamente, die diesen Wirkstoff enthalten, sind daher kontraindiziert.*

Löschung: Wenn ein Verhalten überhaupt keine Konsequenz hat (sozusagen „ins Leere läuft"), wird allmählich immer seltener ausgeführt, bis es schließlich „gelöscht" ist.

Management: Vermeiden der problematischen Situation durch vorbeugende Maßnahmen und vorausschauendes Handeln.
Beispiel: Ein Hund verteidigt sein Spielzeug allen Kindern gegenüber. Seine Besitzer bekommen Besuch von einer Familie mit Kindern. Vor deren Eintreffen wird sämtliches Hundespielzeug weggeräumt, um einer Situation, in der der Hund sein Spielzeug verteidigt, vorzubeugen.

negative Bestrafung (=negative Strafe): Ein bestimmtes Verhalten wird dadurch gehemmt, dass als Konsequenz auf das Verhalten etwas für den Hund Angenehmes wegfällt. Beispiel: Der Hund steht aus dem Sitz-Bleib auf, woraufhin sein Besitzer das Belohnungshäppchen selbst aufisst.

negative Verstärkung (=negative Bestärkung): Ein bestimmtes Verhalten wird dadurch verstärkt (d. h. es wird künftig vermehrt auftreten), dass als Konsequenz auf das Verhalten etwas für den Hund Unangenehmes aufhört. *Beispiel: Der Hund soll sich hinlegen, und sein Besitzer pustet ihm ins Gesicht, was der Hund als unangenehm empfindet. Das Pusten hört erst auf, wenn der Hund sich hinlegt.*

Operantes Konditionieren: Im Gegensatz zum *Klassischen Konditionieren* geht es hier um Verhalten und seine Konsequenzen. Führt ein Verhalten zum Erfolg – d. h., es hat eine lohnende Konsequenz, wird es in Zukunft häufiger gezeigt werden.

Pawlow, Iwan Petrowitsch (1849 - 1936): russischer Mediziner und Physiologe, Medizin-Nobelpreisträger für seine Arbeiten über Verdauungsvorgänge. Bekannt ist aber vor allem seine Forschung an Hunden: Pawlow entdeckte, dass die Speichelsekretion schon vor dem eigentlichen Fressen begann, nämlich beim Anblick der Nahrung. Durch Experimente fand er anschließend heraus, dass auch andere Reize, die der Fütterung regelmäßig unmittelbar vorausgehen, eine Speichelsekretion auslösen können; beispielsweise ein Glockenton (sein wohl bekanntestes Experiment). Diesen unbewusst ablaufenden Lernvorgang nennt man „klassische Konditionierung“; im englischsprachigen Raum auch nach ihrem Entdecker „Pawlow’sche Konditionierung“. Speichelsekretion ist dabei nur ein Beispiel; viele andere Reflexe sind ebenso konditionierbar.

positive Bestrafung (=positive Strafe): Ein bestimmtes Verhalten wird dadurch gehemmt, dass als Konsequenz auf das Verhalten etwas für den Hund Unangenehmes hinzukommt. Beispiel: Der Hund zieht an der Leine und bekommt einen schmerzhaften Leinenruck.

positive Verstärkung (=positive Bestärkung): Ein bestimmtes Verhalten wird dadurch verstärkt (d. h. es wird künftig vermehrt auftreten), dass als Konsequenz auf das Verhalten etwas für den Hund Angenehmes hinzukommt. Beispiel: Der Hund setzt sich und bekommt daraufhin ein Leckerchen.

Sekundärer Verstärker: Etwas, was der Hund erst nach vorherigem Lernprozess (Konditionierung) „toll" findet. *Beispiel: Der Hund hat gelernt, dass nach einem Click-Geräusch immer ein tolles Leckerchen folgt. Das Click-Geräusch hatte vor der Konditionierung keine besondere Bedeutung für den Hund – nach der Konditionierung jedoch zeigt er auf dieses Geräusch hin eine deutliche Erwartungshaltung.*

Serotonin: im Magen-Darm-Trakt gebildetes Hormon, das u. a. Einfluss nimmt auf Stimmung, Schlaf-Wach-Rhythmus, Nahrungsaufnahme und Schmerzwahrnehmung.

Session (englisch): wörtlich übersetzt „Sitzung". Hier ist eine Übungseinheit gemeint.

SF/SPCA: siehe *Akademie*

shapen („neudeutsches" Verb): (ein Verhalten) formen (vgl. „Shaping")

Shaping (englisch): „Formen". Ein Verhalten wird durch gezieltes Verstärken eines zunächst nur im Ansatz gezeigten Verhaltens und allmählicher Annäherungen an das Zielverhalten „geformt". *Beispiel: Der Hund soll seinen Kopf vom Napf weg drehen. Zunächst bewegt er nur seine Augen und blickt vom Napf auf. Dieses Verhalten wird belohnt, bis es vom Hund gezielt ausgeführt wird. Dann folgt der nächste Schritt; beispielsweise das Wegschauen in Verbindung mit einer minimalen Bewegung des Kopfes. Allmählich werden so immer größere Annäherungen erreicht, bis schließlich das Endverhalten geformt ist (der Hund den Kopf tatsächlich vom Napf weg dreht).*

Target (englisch): „Ziel“ – im Tiertraining versteht man darunter ein Objekt (ein „Ziel“ also), das das Tier berühren soll (meist mit der Nase).

Timeout: Eine Form der *negativen Bestrafung*. Beim Timeout wird der Hund für ein Verhalten dadurch gestraft, dass man ihm für eine begrenzte Zeit jede Möglichkeit, sich eine Belohnung zu verdienen, entzieht. Meist geschieht das, indem man für eine Weile den Raum verlässt, in dem sich der Hund befindet.

Timing: Das Treffen des exakt richtigen Zeitpunkts – hier ist der Zeitpunkt gemeint, zu dem ein Verhalten bestärkt wird. Das ist von entscheidender Wichtigkeit, da nur dann die Konsequenz in Zusammenhang mit dem Verhalten gebracht werden kann, wenn sie sehr zeitnah zum Verhalten erfolgt (etwa ½ bis maximal 2 Sekunden danach).

Widerrist: Der Übergang vom Hals zum Rücken; oft etwas erhöht. Hier wird auch die Schulterhöhe des Hundes gemessen.

Wo Sie Hilfe finden können

Wenn Sie einen Hund mit einem Ressourcenverteidigungsproblem haben, können Sie sich an die unten genannte Adresse wenden, wo man Ihnen helfen kann, einen Verhaltenstherapeuten in Ihrer Nähe zu finden. Denken Sie aber bitte daran, dass die Mitgliedschaft in dieser Organisation nicht unbedingt bedeutet, dass die betreffende Person auch kompetent darin ist, die in diesem Buch beschriebenen Prinzipien anzuwenden.

GTVT Gesellschaft für Tierverhaltenstherapie e.V.

www.gtvt.de

Anfragen bitte an die Vorsitzende des Vereines,
Frau Dr. Ursula Bonengel:
Am Kellerberg 18 a - 84175 Gerzen
Tel.08744/1750 / Fax 08744/8493
E-mail: Dr_ U_ Bonengel@yahoo.de

Wenn Sie einen Hundetrainer suchen oder selbst einer sind, ist für Sie möglicherweise von Interesse (in englischer Sprache):

P.D.T.E. – Pet Dog Trainers of Europe
www.pdte.eu
derzeitige Vorsitzende: Turid Rugaas

Ergänzende Literatur

Es gibt eine Unmenge an krasser Fehlinformation über Hundeverhalten und -Ausbildung. Scheinbar braucht eine Idee oder Methode nicht unbedingt wahr zu sein, um Anhängerschaft zu finden – es genügt, dass sie attraktiv ist. Es lohnt sich daher, bei der Suche nach Hundeausbildungsbüchern daran zu denken, dass die Tatsache, dass ein Buch veröffentlicht wurde, nicht automatisch bedeutet, dass sein Inhalt den bekannten Grundlagen über Lernverhalten von Tieren oder Ethologie von Hunden entspricht. Nachfolgend eine kleine Auswahl der besseren Bücher auf dem Markt:

Abrantes, Roger:	*Dog Language* ISBN 978-0966048407
Blenski, Christiane:	*Hunde erziehen, ganz entspannt* ISBN 978-3440099506
Borchelt & Voith:	*Readings in Companion Animal Behavior*
Dodman, Nicholas:	*Hunde, die zuviel bellen** ISBN 978-3548358529 (*Titel der deutschen Erstausgabe: *Wer ist hier der Boss?*)
Dunbar, Ian:	*How to Teach a New Dog Old Tricks* ISBN 978-1888047066
Hetts, Suzanne:	*Pet Behavior Protocols* ISBN 978-0941451741

Laser, Birgit: *Clickertraining*
ISBN 978-3861277101

Laser, Birgit: *Clickertraining für den Familienhund*
ISBN 978-3861277194

Miller, Pat: *The Power of Positive Dog Training*

Pryor, Karen: *Positiv bestärken – sanft erziehen*
ISBN 978-3440106297

Reid, Pamela: *Excel-Erated Learning*
ISBN 978-1888047073

Rugaas, Turid: *Calming Signals – Die Beschwichtigungssignale der Hunde*
ISBN 978-3936188011

Serpell, James: *The Domestic Dog*
ISBN 978-0521425377

Theby, Viviane: *Das Kosmos Welpenbuch*,
ISBN 9783440097250

www.dogwise.com sehr großes Sortiment englischsprachiger Hundebücher und -Videos

Nachwort der Übersetzerin

Bei der Erstellung der deutschen Ausgabe geht es um mehr als „nur" das Übersetzen eines Textes von einer Sprache in die andere. So muss man beispielsweise immer bedenken, vor welchem Hintergrund ein Buch geschrieben wurde. Damit meine ich in diesem Fall landestypische Gepflogenheiten und gesetzliche Bestimmungen des betreffenden Landes, die das Zusammenleben mit Hunden beeinflussen.

So finden vielleicht einige von Ihnen, liebe LeserInnen, Empfehlungen wie das Einschläfern in manchen Fällen, befremdlich. Dies ist ein Beispiel dafür, wie die jeweiligen Lebensumstände auch den Umgang mit bestimmten Problemen beeinflussen können. In den USA wird der Großteil der Hunde, die in Tierheimen landen, eingeschläfert. Gleichzeitig gibt es durch entsprechende Gesetze die Möglichkeit, Hundebesitzer, deren Hunde bereits einmal gebissen haben, im Wiederholungsfall auf Schadensersatz zu verklagen.

Viele Anwälte haben sich auf solche Prozesse spezialisiert, in denen es oft um riesige Summen geht - manche von ihnen schalten ganzseitige Anzeigen in Tageszeitungen und Telefonbüchern, in denen sie potenzielle Klienten regelrecht zum Klagen ermuntern. Daher fürchten viele Hundebesitzer, verklagt zu werden, falls ihr Hund jemanden beißt, und somit wächst auch die Bereitschaft, sich eines bereits auffällig gewordenen Hundes zu entledigen.

Auch bestimmte Empfehlungen zu körperlicher Auslastung wurden in der deutschen Fassung weggelassen. Während es in Nordamerika nicht üblich ist, mit seinem Hund tägliche Spaziergänge zu unternehmen, sorgen die deutsch(sprachig)en Hundebesitzer in der Regel sehr gewissenhaft für die körperliche Auslastung ihrer Hunde. Hier noch vermehrt dazu aufzufordern, Hunden Bewegung zu verschaffen, wäre womöglich etwas zu viel des Guten, und so ist (selbstverständlich nach Rücksprache und im Einverständnis mit der Autorin) die deutsche Ausgabe in dieser Hinsicht den hier üblichen Haltungsbedingungen angepasst.

Ganz herzlich bedanken möchte ich mich bei einigen lieben Menschen, die mich bei diesem Projekt sehr unterstützt haben: Daniela Gottmann, Maria Hense, Manuela Schumann und Christina Sondermann für das aufmerksame Lektorat und die stets konstruktive Kritik; Heike Westermann für die Hilfe bei der Illustratorensuche und Petra Eimer für ihre wunderbaren Illustrationen. Jean Donaldson gilt mein Dank für die wunderbare Zusammenarbeit, und schließlich danke ich meinem Mann Torsten für seine Geduld.

Birgit Laser

Lübeck, im April 2006

Über die Autorin

Jean Donaldson ist eine anerkannte Hundebuchautorin, die sich seit über dreißig Jahren intensiv mit dem Verhalten und der Ausbildung von Hunden beschäftigt. Sie hat einen Magister in vergleichender Psychologie und arbeitet derzeit an ihrem Doktortitel im Bereich Evolutionsbiologie.

Ihr erstes Buch *The Culture Clash (Hunde sind anders... Menschen auch)* wurde 1997 von der Dog Writers Association of America als „Best Behavior Book“ (bestes Buch über Verhalten) ausgezeichnet.

Weitere Bücher sind: *Dogs Are From Neptune* und *Fight!* (deutsche Übersetzung erscheint demnächst in diesem Verlag).

Jean Donaldson leitet die 1999 gegründete „San Francisco SPCA Academy for Dog Trainers” mit dem Ziel, Hundeausbildern, Verhaltensberatern und anderen beruflich mit Hunden befassten Menschen eine qualifizierte Ausbildung zu vermitteln. Diese erste Ausbildungsstätte ihrer Art entwickelt bereits den Ruf eines „Harvards für Hundeausbilder”.

„Die meisten Hundebesitzer wissen sehr wenig über die Bedürfnisse ihrer Hunde. Diese Wissenslücke trägt wesentlich dazu bei, dass so viele Hunde in Tierheimen abgegeben werden" sagt Jean Donaldson.

„Unser Ziel ist es, durch das Vermitteln von Wissen über Hunde zur Erhöhung ihrer Lebensqualität beizutragen."

Jean Donaldson lebt zusammen mit ihrem Mann Al sowie Chow-Chow „Buffy" (aus dem Tierheim der San Francisco SPCA) in der Nähe von San Francisco.

Aus dem Verlagsprogramm:

Paperback
152 Seiten

Jean Donaldson: Fight!

Fast jeder Hundehalter kennt Hunde, die nicht mit ihren Artgenossen auskommen. Ob Max einfach etwas zu draufgängerisch ist, Rocky bei jeder Begegnung bellt so laut er kann, Jette andere Hundesogar schon verletzt hat, oder ob Luna mit Unsicherheit und Flucht reagiert — die Bandbreite ist riesig.

In diesem Buch vermittelt die bekannte Hunde-Expertin und preisgekrönte Autorin Jean Donaldson Trainern und Haltern solcher Hunde das nötige Hintergrundwissen, um Aggressionsverhalten richtig einzustufen. Zahlreiche Trainingspläne und praktische Tipps erleichtern Auswahl und Umsetzung der passenden Vorgehensweise.

Paperback
255 Seiten,
erschienen 2013

Wibke Hagemann/Birgit Laser:
Leben will gelernt sein

In diesem Buch geht es um Hunde, die nicht den besten Start ins Leben hatten. Durch einen Mangel an Umweltreizen konnten sie für ihre Entwicklung wichtige Erfahrungen nicht machen oder diese wurden ihnen im Verlauf ihres Lebens vorenthalten.

Das Ergebnis sind Verhaltensauffälligkeiten wie Ängstlichkeit, Nervosität oder Hyperaktivität, mit denen diese Hunde ihre Halter und ihre Umwelt vor mehr oder minder große Herausforderungen stellen. Auch die Hunde selbst leiden oft lebenslang unter den Folgen ihrer schlechten Aufzucht oder Haltung.

Dieses Buch soll dazu beitragen, Hunde mit sogenannten Deprivationsschäden besser zu verstehen. Es soll den Haltern dieser Hunde Mut machen und Anregungen liefern, wie das Leben für alle Beteiligten stressärmer gestaltet werden kann.

Es gibt vielerlei Möglichkeiten, Ihrem Hund zu helfen, mehr Sicherheit und damit mehr Lebensqualität zu gewinnen!

Aus dem Verlagsprogramm:

Paperback
168 Seiten
3., überarbeitete Auflage 2013

Birgit Laser:
Clickertraining – ***mehr als*** **Spaß für Katzen**

Katzen trainieren, das geht nicht? Und ob! Clickertraining ist eine tolle Möglichkeit, Abwechslung im Katzenalltag zu schaffen. Ob Ihre Samtpfote ein paar Tricks lernen soll oder ob es Ihnen darum geht, unerwünschtes Verhalten in geeignetere Bahnen zu lenken: Mit dieser modernen und tierfreundlichen Methode gelingt das spielend. Der gemeinsame Weg zum Ziel macht viel Spaß, und ganz nebenbei verbessern Sie Kommunikation und Vertrauen. Lernen Sie Ihre Katze noch besser kennen, und lassen Sie sich von verborgenen Talenten überraschen! Wie es funktioniert, zeigt Ihnen dieses Buch.

Paperback
262 Seiten
erschienen 2014

Debby McMullen: Wie viele Hunde?!

In diesem Buch dreht sich alles darum, wie man Harmonie in einem Mehrhundehaushalt herstellen kann. Es werden ausschließlich positive Trainingsmethoden eingesetzt. Die unterschiedlichsten Aspekte des Zusammenlebens mit mehreren Hunden werden beleuchtet, z. B. Management des Lebensraums, Gestaltung der Fütterungsroutine, Einfürung neuer Hunde, Gruppentraining und -bewegung, Spiel, Problemlöungen uvm.

Debby McMullen ist zertifizierte Hundeverhaltensberaterin und u. a. langjähriges professionelles Mitglied der APDT (Association of Pet Dog Trainers). Sie betreibt in Pittsburgh ihre eigene Hundeschule „Pawsitive Reactions".

Aus dem Verlagsprogramm:

Paperback
122 Seiten,
durchgehend farbig

Rosie Lowry:

Die stille Kommunikation der Hunde verstehen

In diesem Buch vermittelt Rosie Lowry dem Leser einen tieferen Einblick in die Kommunikation von Hunden und die Beziehungen zwischen Hunden und Menschen.

Aus dem Inhalt:

- *Stimmliche Kommunikation*
- *Die Basis für eine ausgewogene Beziehung*
- *Mobbing*
- *Die Notwendigkeit für Körpersprache*
- *Einfache Veränderungen, große Wirkung*
- *Kommunikationssignale der Hunde*
- *Ist mein Hund beunruhigt?*
- *Stress*
- *Hunde in einer künstlichen Welt*
- *Warnsignale*
- *Wahlmöglichkeiten oder Kontrolle?*